摆线族

张家瑞 李兴春 编著

哈尔滨工业大学出版社

HARBIN INSTITUTE OF TECHNOLOGY PRESS

内容简介

本书全面系统地介绍了摆线系的基本知识,并利用微积分的知识推证摆线的各种重要性质和计算公式.读者可从中学到用解析几何、微积分来研究轨迹曲线性质的一套解决问题的方法和思想.

本书适合高中生、大学低年级学生以及数学爱好者阅读和收藏.

图书在版编目(CIP)数据

摆线族/张家瑞,李兴春编著. —哈尔滨:哈尔滨工业大学出版社,2015.1
ISBN 978 – 7 – 5603 – 4966 – 4

Ⅰ.①摆… Ⅱ.①张… ②李… Ⅲ.①解析几何 – 普及读物②微积分 – 普及读物 Ⅳ.①O1 – 49

中国版本图书馆 CIP 数据核字(2014)第 237158 号

策划编辑	刘培杰　张永芹
责任编辑	张永芹　关虹玲
封面设计	孙茵艾
出版发行	哈尔滨工业大学出版社
社　　址	哈尔滨市南岗区复华四道街 10 号　邮编150006
传　　真	0451 – 86414749
网　　址	http://hitpress.hit.edu.cn
印　　刷	哈尔滨市石桥印务有限公司
开　　本	787mm×960mm　1/16　印张16.25　字数186 千字
版　　次	2015 年 1 月第 1 版　2015 年 1 月第 1 次印刷
书　　号	ISBN 978 – 7 – 5603 – 4966 – 4
定　　价	38.00 元

(如因印装质量问题影响阅读,我社负责调换)

前言

摆线在有些书中称为旋轮线,我们认为还是称摆线比较恰当,为什么?因摆线这个名称最早是由研究摆线的意大利天文学家、物理学家和启蒙运动者伽利略定名的,它的原意是"联想到圆"的曲线,道出了摆线的原始来源.其次,根据摆线的特殊性质——等时性,荷兰学者克里斯坦·惠更斯(Huygens,1629—1695)创造了摆线摆,把摆的性质用到了时钟上,把有关圆的曲线称为钟摆,将两者结合起来的曲线称为摆线,更能反映摆线的本质特性,故此曲线定名为摆线更科学.现在世界上大多数国家都采用这个名称,仅古代法国学者,把所有和圆沿直线滚动有关的曲线都叫旋轮线,这样的名称没有揭示曲线的本质.我国的有关教材早已放弃先前采用旋轮线的名称而一律改称摆线,旋轮线的名称已淡出我们的视线.

本书主要介绍摆线的基本知识. 摆线的许多重要性质及非常有用的计算公式,都需要应用微积分学的计算方法和技巧,有的甚至要用到变分法的知识和方法才能够严格的论证出有关结论. 为了使读者坚信我们得出的每个结论的正确性,对所有的公式、定理我们都一一做了严格的推证,对于具备微积分知识的读者来说,可以把公式、定理的推证当作有趣的练习,共同享受数学高度严密之美. 证明是数学的灵魂,最合情的推理,最后还得过证明关. 对于不具备微积分知识的读者,可暂时不看这些过程,而着重系统地记忆这些重要结论,待学习有关知识后再来消化被略去的过程.

摆线之所以受到人们的青睐,不仅仅因为它是数学上一种重要的曲线,而且还因为它有一个庞大的家族体系,内容实在太丰富,故历史上很多著名学者、数学家都对它进行了长期的研究,得到很多重要的成果. 而且随着科学技术的进步,摆线在生产实践中的应用越来越广泛. 例如,摆线针轮行星减速器的诞生,现已日益广泛地应用到国防、航天、矿山、冶金、化工、纺织等许多工业部门的设备中,以及新型的旋转式发动机的零件等. 所以,熟悉摆线的基本知识及其性质对于广大科技工作者来说是非常必要的.

本书主要是供高中高年级、大学低年级学生作为课外读物,帮助他们通过阅读建立恰当坐标系导出轨迹方程,然后利用微积分学的知识推导出轨迹曲线的各种性质,这是一种研究问题的基本方法,但像本书这样系统地全面地运用解析几何、微积分知识对一种曲线做网络式的阐述尚不多见. 1956 年,中国青年出版

2

社出版过一本由别尔曼著的《摆线》(高徹等译),他对摆线做了详细的定性分析,介绍了摆线丰富多彩的性质及应用,但没有做定量分析,本书则对摆线做定量分析研究,也是对别氏著作的一个补充.

我们出这本书的目的是为数学爱好者和有关学生提供运用解析几何、微积分知识的方法思想来研究曲线的一个模型,在此基础上应用这种方法去研究其他的新的轨迹曲线,探索新的问题,把数学应用到更广泛的领域中去.

本书的出版感谢刘培杰和张永芹两位老师的热情支持,同时感谢关虹玲老师的具体细致的指导.

由于本人数学素养不高,书中疏漏错误之处敬请同行及专家批评指正.

张家瑞　李兴春

⊙ 目录

1

摆　线

第

1

章

§1　摆线的基本概念

一、做一个实验

　　我们做一个这样的实验,把自行车的后支撑架起来,让后轮悬空,把浓度比较大的泥浆放在车轮的下面并和车轮接触,然后让一个人骑上车且踏动脚踏板,使后轮飞速旋转.如果猛一刹车,这时我们能清楚地看到粘贴在车轮上的泥浆从车轮边缘不同位置上沿着切线方向飞出去,此时挡泥板起到绝对保险作用,使骑在车上的人不会沾一点泥浆(图1).

图 1

可奇怪的是当我们骑自行车高速行驶在含有泥浆的马路上（假设是沿直线行驶），如果猛一刹车，有时就会在脊背上留下许多泥浆点.

仔细分析一下，这里虽然是同一辆自行车，但是粘在车轮上的泥浆，却做着不同的运动. 第一种情况，粘在车轮上的泥浆只是跟着车轮做圆周运动，当猛一刹车时，由于惯性作用，泥浆就沿着圆周的切线方向飞出去了.

而第二种情况，粘在车轮某一点上的泥浆不仅要跟着车轮做圆周运动，而且还和自行车一道向前做直线运动. 如果在理想的情况下，这个泥浆点在空间画出的轨迹就是我们这本书所要介绍的摆线，而当我们猛一刹车时，这个泥浆点就不会沿着车轮的切线方向飞出去，而是沿着上面所说的摆线的切线方向飞出去（图2）.

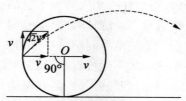

图2　从车轮上跳出的泥浆点所经的路径

在骑自行车的过程中，泥浆点运动的轨迹不像车轮那样直观地让我们看见，所以当泥浆点沿摆线的切线方向飞出时，我们就会感到意外.

从这里我们可以看到摆线在我们的日常生活中还是经常出现的，但是由于它不像圆那样是被人们所熟知的图形，且对它的性质了解得很少，所以对摆线有陌生之感也不足为奇. 实际上，摆线的用途相当的广泛，

且摆线的直观形体也出现在各种机器上和设备中,因此我们熟悉它研究它将是理所当然的. 只需具备解析几何基础知识和微积分初步知识,掌握它的性质是不难办到的.

二、摆线的定义及有关概念

什么样的曲线叫作摆线呢?

摆线的定义 在平面上,一个动圆沿着一条定直线做无滑动的滚动时,动圆圆周上一定点的运动轨迹叫作摆线.

我们把动圆称为母圆,定直线称为基线. 根据摆线定义,容易画出摆线(图 3).

图 3 摆线的一般形状

从图 3 可看出,只要动圆向着一个方向沿直线不停地滚动,那么这个摆线就可以继续画下去,所以摆线是一条无限的曲线.

但是当圆周上定点 M_0 与基线相交,当圆周滚动一周时,点 M_0 又落在基线上,所以摆线是由无限多个首尾相连的拱形弧组成的曲线.

由于这些拱形弧是重复出现的,也就是说摆线具有周期性(摆线的周期性有严格的论证,见后文),所以我们只要研究一个拱形弧的性质就能推及一般了.

摆线的一个拱形弧构成的基本要素(图 4):

(1)歧点. 一个拱形弧的两个端点(也就是摆线与基线的交点 $A,B,\cdots$)称歧点.

(2)底. 两个相邻的歧点中间的线段称摆线的底,

显然,底的长就等于母圆的周长,即 $|AB| = 2\pi a$(a 为母圆的半径).

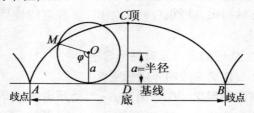

图 4

(3)顶点. 拱形弧的中间的一点 C,也就是拱形弧的最高点,称此点为摆线的顶点. 易知顶点到底的距离等于母圆的直径(图 4),即 $CD = 2a$.

三、摆线的方程

按解析几何观点,曲线被看成是动点按照某种规律运动所产生的动点轨迹. 由于动点按照不同的规律运动,因此就产生了各种各样的曲线. 数学的任务就是要找出表示曲线的方程. 因此我们推导摆线的方程对我们掌握摆线的运动规律,研究摆线的性质是非常重要的.

众所周知,由于我们把摆线放在不同的坐标系中,或者是在同一坐标系中放在不同的位置,从而得到的方程也不会相同. 我们应取最简便的位置以简化计算过程,为此选用如下笛卡儿直角坐标系,并且是这样来建立坐标系的:取 x 轴与基线重合,开始的歧点为坐标原点 O,过原点 O 并与 x 垂直的直线为 y 轴(图 5).

把摆线放置在这样的坐标系中,我们称为标准位置,这样推导出来的方程称为摆线的标准方程. 下面我们来推导它的方程.

4

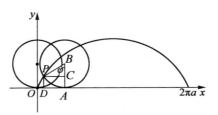

图 5

记动圆半径为 a，设 $P(x,y)$ 为摆线上任一点，它是相当于滚动圆圆心在点 B，与定直线（x 轴）相切于点 A 时，动圆上定点的位置. 以 $\angle PBA = \varphi$（弧度），φ 为参数，作 $PC \perp AB$，$PD \perp Ox$，C,D 分别为垂足. 那么

$$x = OD = OA - DA = OA - PC$$

由于动圆在定直线上做无滑动的滚动，所以，OA 的长度等于 $\overset{\frown}{AP}$ 的长度等于 $a\varphi$，即 $|OA| = a\varphi$.

在 $\mathrm{Rt}\triangle PBC$ 中，有 $PC = BP\sin\angle PBC = a\sin\varphi$. 因此

$$x = a\varphi - a\sin\varphi$$
$$y = DP = AC = AB - CB = a - a\cos\varphi$$

所以

$$\begin{cases} x = a(\varphi - \sin\varphi) \\ y = a(1 - \cos\varphi) \end{cases} \quad (-\infty < \varphi < +\infty) \qquad (1)$$

式（1）就是摆线的参数方程. 参数 φ 称为摆线上点 P 的滚动角，当滚动圆向 x 轴负方面滚动时，相应的 φ 取负值.

如果从参数方程（1）中消去参数 φ，那么可以得到摆线的直角坐标方程.

由 $y = a(1 - \cos\varphi)$，解得

$$\varphi = \pm\arccos\left(1 - \frac{y}{a}\right) + 2n\pi \quad (n \in \mathbf{Z})$$

取单值的一支，$\varphi = \arccos\left(1 - \dfrac{y}{a}\right)$，由此

$$
\begin{aligned}
\sin \varphi &= \sqrt{1 - \cos^2 \varphi} \\
&= \sqrt{1 - \left(1 - \dfrac{y}{a}\right)^2} \\
&= \sqrt{\dfrac{2y}{a} - \dfrac{y^2}{a^2}} \\
&= \dfrac{1}{a}\sqrt{2ay - y^2}
\end{aligned}
$$

代入 $x = a(\varphi - \sin \varphi)$ 中便得到摆线在 $0 \leqslant \varphi \leqslant \pi$ 内一段的普通方程为

$$
x = a \cdot \arccos\left(1 - \dfrac{y}{a}\right) - \sqrt{2ay - y^2} \qquad (2)
$$

这就是摆线的直角坐标方程，在这个方程中，出现了反三角函数，不便于对它进行讨论和作图，下面我们直接根据摆线的参数方程来研究摆线的性质. 今后我们讲摆线的方程就是指摆线的标准参数方程(1).

四、摆线的基本性质

1. 周期性

从摆线方程

$$
\begin{cases}
x = a(\varphi - \sin \varphi) \\
y = a(1 - \cos \varphi)
\end{cases}
\qquad (-\infty < \varphi < +\infty)
$$

可以看到当 φ 增加(或减少)2π 的整数倍时，摆线上对应点的横坐标 x 就增加(或减少)$2\pi a$ 的整数倍，而纵坐标 y 的值并不改变，也就是说曲线上横坐标 x 相差 $2\pi a$ 的整数倍的点，纵坐标 y 都相等. 如果把曲线上点的纵坐标 y 看作点的横坐标 x 的函数 $f(x)$，那么

这一函数 $y = f(x)$ 就是以 $2\pi a$ 为周期的周期函数. 因每当 x 增加(或减少) $2\pi a$ 的整数倍后,图形将重复出现,所以我们只要画出相应于参数 φ 在 $0 \leqslant \varphi \leqslant 2\pi$ 间取值的一段曲线(即一个拱形弧),就可以作出整个摆线的图形了. 今后我们也是着重研究摆线在一个拱形弧内(即 $0 \leqslant \varphi \leqslant 2\pi$)的情况. 由特殊反映一般,由特殊认一般这是数学中常用的辩证法.

2. 对称性

在 $0 \leqslant \varphi \leqslant 2\pi$ 内摆线的一个拱形弧关于直线 $x = \pi a$ 对称(图 6).

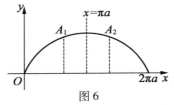

图 6

下面我们来证明这个结论. 事实上,如果 A_1 为曲线上任一点,它所对应的参数值为 φ_1,那么 A_1 的坐标为
$$\begin{cases} x_1 = a(\varphi_1 - \sin \varphi_1) \\ y_1 = a(1 - \cos \varphi_1) \end{cases}$$

又设 A_2 为对应于参数 $\varphi_2 = 2\pi - \varphi_1$ 的点,那么点 A_2 的坐标为
$$\begin{aligned} x_2 &= a(\varphi_2 - \sin \varphi_2) \\ &= a[2\pi - \varphi_1 - \sin(2\pi - \varphi_1)] \\ &= 2\pi a - a(\varphi_1 - \sin \varphi_1) \\ &= 2\pi a - x_1 \\ y_2 &= a(1 - \cos \varphi_2) \\ &= a[1 - \cos(2\pi - \varphi_1)] \\ &= a(1 - \cos \varphi_1) \end{aligned}$$

$$= y_1$$

由 $y_2 = y_1$ 可知 A_1, A_2 的纵坐标相等,所以线段 A_1A_2 与直线 $x = \pi a$ 垂直. 另一方面,由 $x_2 = 2\pi a - x_1$ 知,$\dfrac{x_1 + x_2}{2} = \pi a$,这表示线段 A_1A_2 的中点在直线 $x = \pi a$ 上,因而直线 $x = \pi a$ 垂直平分线段 A_1A_2,这就表明 A_1, A_2 是关于直线 $x = \pi a$ 为对称的两点. 由于点 A_1 是任意选取的,所以也就证明了摆线上任一点关于直线 $x = \pi a$ 为对称的点也在摆线上,所以摆线的第一个拱形弧关于直线 $x = \pi a$ 对称(当然这里的摆线指的是 $0 \leqslant \varphi \leqslant 2\pi$ 的一个拱形弧,以后就不加说明了).

3. 奇偶性

根据图 5 易知摆线函数是偶函数,因为它的图像关于 y 轴成轴对称图形.

五、摆线的画图

1. 教具画图

根据摆线的定义,我们做如图 7 所示的教具.

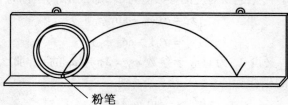

粉笔

图 7　教具

它是由一块可以竖直挂起来的黑板,下边钉一条水平的边板,沿着这条边板滚动着一个厚实的铁环(木环,塑料环也行). 铁环上有一个小孔,这里可以插进一小段粉笔,当铁环沿边板滚动的时候,粉笔就画出一条摆线. 用类似的方法我们可以创造出各式各样画

摆线的工具.

2. 摆线的几何画法

已知母圆 C 的半径为 a,试用几何法画出以圆 C 为动圆的摆线的一个拱形弧.

画法(图 8):

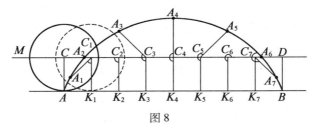

图 8

(1)作线段 $AB = 2\pi a \approx 6.28a$;

(2)以 AB 为长,a 为宽作矩形 $ABDC$;

(3)把 CD 分成 n 等分(例如 $n = 8$),分点为

$$C_1, C_2, C_3, C_4, C_5, C_6, C_7$$

(4)以各分点 C_i 为顶点,以 $270°$ 线为始边,顺时针方向分别作角 $C_i = \dfrac{360°}{n} \times i (i = 1, 2, \cdots, n - 1)$. 例如,当 $n = 8$ 时,角 $C_1 = 45°$,$C_2 = 90°$,$C_3 = 135°$,$C_4 = 180°$,$C_5 = 225°$,$C_6 = 270°$,$C_7 = 315°$.

(5)分别以 C_i 为圆心,以 a 为半径,画弧交(4)所作角的终边于点 $A_1, A_2, A_3, \cdots, A_{n-1}$.

(6)按趋势,用平滑的曲线顺次联结 AA_1,A_1A_2,$A_2A_3, \cdots, A_{n-1}B$. 得到以 a 为半径的母圆沿基线 AB 做无滑动的滚动,其圆周上一点的轨迹为摆线的一个拱形弧.

从画图的过程看出 n 越大,即把 CD 分的越细,则画出的图形越精密.

9

3. 描点法作图

我们现在用描点法作出以 a 为半径的母圆的摆线.

设摆线的参数方程为 $\begin{cases} x = a(\varphi - \sin\varphi) \\ y = a(1 - \cos\varphi) \end{cases} (0 \leqslant \varphi \leqslant 2\pi)$，在前面我们研究了摆线的周期性和对称性,因此在用描点法画图时,可以首先画出对应于参数 φ 在 $0 \leqslant \varphi \leqslant \pi$ 间取值的一段曲线.

将部分 φ, x, y 的对应值列成表 1 ($0 \leqslant \varphi \leqslant \pi$):

表 1

φ	0	$\dfrac{\pi}{6}$	$\dfrac{\pi}{4}$	$\dfrac{\pi}{3}$	$\dfrac{\pi}{2}$	$\dfrac{2\pi}{3}$	$\dfrac{3\pi}{4}$	$\dfrac{5\pi}{6}$	π
x	0	$0.02a$	$0.08a$	$0.18a$	$0.57a$	$1.23a$	$1.64a$	$2.12a$	$3.14a$
y	0	$0.13a$	$0.30a$	$0.50a$	a	$1.50a$	$1.70a$	$1.87a$	$2a$

在直角坐标平面上找出以 x, y 各对应值为坐标的点的位置

$$O(0,0), A(0.18a, 0.50a), B(0.57a, a)$$
$$C(1.23a, 1.50a), D(1.64a, 1.70a)$$
$$E(2.12a, 1.87a), F(3.14a, 2a)$$

用光滑曲线顺次联结各点便得到对应于 $0 \leqslant \varphi \leqslant \pi$ 间的一段曲线,再根据曲线的对称性与函数的周期便可以得到整个摆线的图形(图9). 它是由在 Ox 轴方向每隔距离 $2\pi a$ 重复出现一次的无数个完全相同的拱形弧组成,每拱宽为 $2\pi a$,高为 $2a$.

也可用几何画板作图——作摆线.

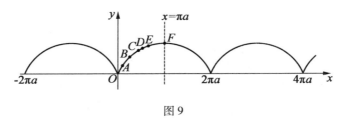

图 9

§2　摆线的重要的计算公式

一、摆线的长

这里所说的摆线的长,是指摆线的一个拱形弧的长度.

在一个拱形弧中我们已经知道:拱形弧的底长 $AB = 2\pi a$,拱形弧的高 $CD = 2a$(图 10).

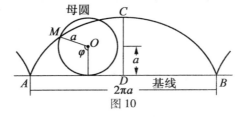

图 10

而拱形弧 $\overset{\frown}{ACB}$ 的长有计算公式: $\overset{\frown}{ACB} = 8a$,这个公式的论证需要用到积分学中的曲线弧长计算公式,下面把这个计算公式的推导过程列出来供大家参考.

如图 11 所示,建立坐标系.求摆线方程

$$\begin{cases} x = a(\varphi - \sin \varphi) \\ y = a(1 - \cos \varphi) \end{cases} \quad (0 \leqslant \varphi \leqslant 2\pi)$$

的弧长 l.

11

摆线族

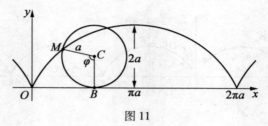

图 11

解

$$dl = \sqrt{\left(\frac{dx}{d\varphi}\right)^2 + \left(\frac{dy}{d\varphi}\right)^2}\,d\varphi$$

$$= a\sqrt{(1-\cos\varphi)^2 + \sin^2\varphi}\,d\varphi$$

$$= a\sqrt{2(1-\cos\varphi)}\,d\varphi$$

$$= 2a\sin\frac{\varphi}{2}\,d\varphi$$

故

$$l = 2a\int_0^{2\pi} \sin\frac{\varphi}{2}\,d\varphi$$

$$= 4a\int_0^{2\pi} \sin\frac{\varphi}{2}\,d\left(\frac{\varphi}{2}\right)$$

$$= -4a\left[\cos\frac{\varphi}{2}\right]_0^{2\pi}$$

$$= -4a(-1-1)$$

$$= 8a$$

这就证明了摆线的弧长公式 $l = 8a$，由此引出定理 1.

定理 1 摆线的一个拱形弧的长等于母圆半径的 8 倍.

这个结论是出人意料的,要知道就算是计算像圆这样简单的曲线的长,也要引入无理数 π 才能算出来,可是摆线拱形弧的长却可以利用有理数(甚至是

12

整数），用半径来表出．彰显出数学的奇异之美．

这个结论早在 1658 年，由英国的建筑师兼数学家、伦敦著名的圣保罗大教堂穹顶的建筑者连氏用初等数学的方法推出，不过这个方法也用到了极限的概念，而且相当复杂．这里用微积分知识来计算摆线的一个拱形长显得很简明．由于摆线是由无限个拱形弧组成的，虽然我们无法算出整个摆线的长，但可以说出 $n(n \in \mathbf{N})$ 个拱形弧的长度为 $8na$．

二、摆线的面积——伽利略定理

这里所说的摆线的面积，是指摆线的一个拱形弧和它的底所围的图形的面积．

伽利略定理　摆线的一个拱形弧和它的底所围的面积等于母圆面积的 3 倍．

下面利用微积分的知识来加以证明．

如图 12 所示，建立坐标系．

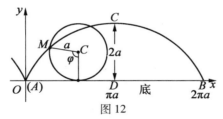

图 12

求摆线 $\begin{cases} x = a(\varphi - \sin \varphi) \\ y = a(1 - \cos \varphi) \end{cases} (0 \leqslant \varphi \leqslant 2\pi)$ 和 x 轴所围的面积 S．

解

$$S = \int_0^{2\pi a} y \mathrm{d}x$$

$$= \int_0^{2\pi} a(1 - \cos \varphi) \mathrm{d}(a\varphi - a\sin \varphi)$$

$$= 2\pi a^2 + \frac{1}{2}a^2\left(\varphi + \frac{1}{2}\sin 2\varphi\right)\Big|_0^{2\pi}$$
$$= 2\pi a^2 + \pi a^2$$
$$= 3\pi a^2$$

这就证明了伽利略定理.

那么这个定理为什么叫作伽利略定理呢？因为这个面积计算公式最早记载在伽利略的学生和继承人维维安和托里拆利（Torricelli, 1608—1647）的著作里，而这两个人又把这项计算和他们老师的名字联在一起，因此关于摆线面积的定理称为伽利略定理.

三、摆线的旋转体——罗别尔瓦里定理

如果摆线的拱弧绕着它自己的底旋转，那么它就产生了一个曲面，这个曲面包围着一个卵形体（图13）叫摆线旋转体.

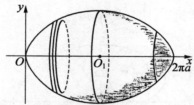

图 13　摆线旋转产生的卵形体

罗别尔瓦里定理　摆线旋转体的体积等于 $5\pi^2 a^3$，这个旋转面的表面积等于 $\frac{64}{3}\pi a^2$.

和前面一样我们可以用微积分的知识对这个公式加以证明.

如图 13 所示，建立坐标系.

设摆线方程为 $\begin{cases} x = a(\varphi - \sin\varphi) \\ y = a(1 - \cos\varphi) \end{cases}$ $(0 \leqslant \varphi \leqslant 2\pi)$，现求摆线旋转体的体积 V 和表面积 S.

14

解　（1）求摆线旋转体的体积 V

$$V = \pi \int_0^{2\pi a} y^2 \mathrm{d}x$$

$$= \pi \int_0^{2\pi} \left[a(1 - \cos \varphi) \right]^2 \mathrm{d}(a\varphi - a\sin \varphi)$$

$$= \pi a^3 \int_0^{2\pi} (1 - 3\cos \varphi + 3\cos^2 \varphi - \cos^3 \varphi) \mathrm{d}\varphi$$

$$= \pi a^3 \varphi \big|_0^{2\pi} - 3\pi a^3 \sin \varphi \big|_0^{2\pi} + 3\pi a^3 \int_0^{2\pi} \cos^2 \varphi \mathrm{d}\varphi -$$

$$\pi a^3 \int_0^{2\pi} \cos^3 \varphi \mathrm{d}\varphi$$

$$= 2\pi^2 a^3 + 3\pi a^3 \int_0^{2\pi} \cos^2 \varphi \mathrm{d}\varphi - \pi a^3 \int_0^{2\pi} \cos^3 \varphi \mathrm{d}\varphi$$

$$= 2\pi^2 a^3 + \frac{3}{2}\pi a^3 (\varphi + \sin 2\varphi) \big|_0^{2\pi} -$$

$$\pi a^3 \left(\frac{1}{12}\sin 3\varphi + \frac{3}{4}\sin \varphi \right) \big|_0^{2\pi}$$

$$= 2\pi^2 a^3 + 3\pi^2 a^3$$

$$= 5\pi^2 a^3$$

在积分过程中应用了下列三角变换公式

$$\cos 2\varphi = 2\cos^2 \varphi - 1, \cos 3\varphi = 4\cos^3 \varphi - 3\cos \varphi$$

（2）求摆线旋转体的表面积 $S.$

因为

$$\mathrm{d}l = \sqrt{(x')^2 + (y')^2} \mathrm{d}\varphi$$

$$= \sqrt{\left[a(\varphi - \sin \varphi)' \right]^2 + \left[a(1 - \cos \varphi)' \right]^2} \mathrm{d}\varphi$$

$$= \sqrt{a^2 (1 - \cos \varphi)^2 + a^2 \sin^2 \varphi} \mathrm{d}\varphi$$

$$= a \sqrt{2 - 2\cos \varphi} \mathrm{d}\varphi$$

$$= 2a\sin \frac{\varphi}{2} \mathrm{d}\varphi$$

用 S_{Ox} 表示绕 x 轴旋转而得到的旋转体的表面积,则

摆线族

$$S_{Ox} = 2\pi \int_l y \mathrm{d}l$$

$$= 2\pi \int_0^{2\pi} a(1 - \cos\varphi) 2a\sin\frac{\varphi}{2}\mathrm{d}\varphi$$

$$= -4\pi a^2 \int_0^{2\pi} 2(1 - \cos^2\frac{\varphi}{2}) \cdot 2\mathrm{d}\cos\frac{\varphi}{2}$$

$$= -16\pi a^2 \int_0^{2\pi} (1 - \cos^2\frac{\varphi}{2})\mathrm{d}\cos\frac{\varphi}{2} \quad (\diamondsuit\, u = \cos\frac{\varphi}{2})$$

$$= -16\pi a^2 \int_1^{-1} (1 - u^2)\mathrm{d}u$$

$$= -16\pi a^2 u \big|_1^{-1} + \frac{16\pi a^2}{3} u^3 \big|_1^{-1}$$

$$= 32\pi a^2 - \frac{32\pi a^2}{3}$$

$$= \frac{64\pi a^2}{3}$$

这两个公式最先是由法国著名的衡量制发明者罗别尔瓦里在 1634 年用初等数学方法推证的,故称罗别尔瓦里定理. 用初等数学方法推证了摆线拱弧和它的底围成的面积,但计算过程太冗长,又不严密,故这里改用积分知识证明这个定理.

四、卵形摆线旋转体的体积和表面积

由摆线的一个拱形弧和它关于底的轴对称图形组成卵形线(图 14).

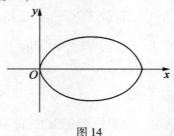

图 14

卵形线绕着 x 轴旋转一周而得到的曲面所围成的几何体,叫作卵形摆线旋转体(图15).

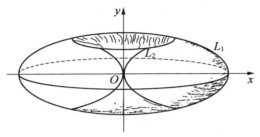

图15　卵形摆线旋转体

定理2　(1)卵形摆线旋转体的体积等于 $12\pi^3 a^3$.

(2)卵形摆线旋转体的表面积等于 $32\pi^2 a^2$.

证明　如图15所示,建立坐标系. 设摆线

$$\begin{cases} x = a(\varphi - \sin\varphi) \\ y = a(1 - \cos\varphi) \end{cases} \quad (0 \leqslant \varphi \leqslant 2\pi)$$

和它关于 x 轴的对称图形组成卵形摆线,这个卵形线在空间绕着 x 轴旋转 $360°$ 而得到卵形摆线旋转体,求它的体积 V 和表面积 S.

(1)求卵形摆线旋转体的体积.

过 x 轴的水平面把此旋转体分成上下对称的两半,可先求上半部分的体积 $V_{上}$. 即

$$V_{上} = \int_{2\pi}^{\pi} \pi x^2 \mathrm{d}y - \int_{0}^{\pi} \pi x^2 \mathrm{d}y$$

因为

$$\int \pi x^2 \mathrm{d}y = \int \pi a^2 (\varphi - \sin\varphi)^2 \mathrm{d}a(1 - \cos\varphi)$$

$$= \pi a^3 \int (\varphi^2 - 2\varphi\sin\varphi + \sin^2\varphi)\sin\varphi \mathrm{d}\varphi$$

$$= \pi a^3 \left(\int \varphi^2 \sin\varphi \mathrm{d}\varphi - 2\int \varphi\sin^2\varphi \mathrm{d}\varphi + \right.$$

摆线族

$$\int \sin^3 \varphi \mathrm{d}\varphi)$$

$$\int \varphi^2 \sin \varphi \mathrm{d}\varphi = \varphi(2\sin \varphi - \varphi\cos \varphi) + 2\cos \varphi + C$$

$$\int \varphi\sin^2 \varphi \mathrm{d}\varphi = \int \varphi \frac{1 - \cos 2\varphi}{2}\mathrm{d}\varphi$$

$$= \frac{1}{4}\varphi^2 - \frac{1}{8}\cos 2\varphi - \frac{1}{4}\varphi\sin 2\varphi + C$$

$$\int \sin^3 \varphi \mathrm{d}\varphi = -\frac{1}{3}\sin^2 \varphi\cos \varphi + \frac{2}{3}\cos \varphi + C$$

则

$$\int_{2\pi}^{\pi} \pi x^2 \mathrm{d}y = \pi a^3 \left(\int_{2\pi}^{\pi} \varphi^2 \sin \varphi \mathrm{d}\varphi - \right.$$

$$\left. 2\int_{2\pi}^{\pi} \varphi\sin^2 \varphi \mathrm{d}\varphi + \int_{2\pi}^{\pi} \sin^3 \varphi \mathrm{d}\varphi \right)$$

$$\int_{2\pi}^{\pi} \varphi^2 \sin \varphi \mathrm{d}\varphi$$

$$= \left[\varphi(2\sin \varphi - \varphi\cos \varphi) + 2\cos \varphi \right] \Big|_{2\pi}^{\pi}$$

$$= \left[\pi(2\sin \pi - \pi\cos \pi) + 2\cos \pi \right] -$$

$$\left[2\pi(2\sin 2\pi - 2\pi\cos 2\pi) + 2\cos 2\pi \right]$$

$$= (\pi^2 - 2) - (-4\pi^2 + 2)$$

$$= 5\pi^2 - 4$$

$$\int_{2\pi}^{\pi} \varphi\sin \varphi \mathrm{d}\varphi$$

$$= \left(\frac{1}{4}\varphi^2 - \frac{1}{8}\cos 2\varphi - \frac{1}{4}\varphi\sin 2\varphi \right) \Big|_{2\pi}^{\pi}$$

$$= \left(\frac{1}{4}\pi^2 - \frac{1}{8}\cos 2\pi - \frac{1}{4}\pi\sin 2\pi \right) -$$

$$\left[\frac{1}{4}(2\pi)^2 - \frac{1}{8}\cos 4\pi - \frac{1}{2}\pi\sin 4\pi \right]$$

$$= \left(\frac{1}{4}\pi^2 - \frac{1}{8} \right) - \left(\pi^2 - \frac{1}{8} \right)$$

18

$$= -\frac{3}{4}\pi^2$$

$$\int_{2\pi}^{\pi}\sin^3\varphi\mathrm{d}\varphi$$

$$= (-\frac{1}{3}\sin^2\varphi\cos\varphi + \frac{2}{3}\cos\varphi)\mid_{2\pi}^{\pi}$$

$$= (-\frac{1}{3}\sin^2\pi\cos\pi + \frac{2}{3}\cos\pi] -$$

$$(-\frac{1}{3}\sin^2 2\pi\cos 2\pi + \frac{2}{3}\cos 2\pi)$$

$$= -\frac{2}{3} - \frac{2}{3}$$

$$= -\frac{4}{3}$$

所以

$$\int_{2\pi}^{\pi}\pi x^2\mathrm{d}y = \pi a^3\left[5\pi^2 - 4 - 2(-\frac{3}{4}\pi^2) + (-\frac{4}{3})\right]$$

$$= 6\frac{1}{2}\pi^3 a^3 - 5\frac{1}{3}\pi a^3$$

而

$$\int_{0}^{\pi}\pi x^2\mathrm{d}y = \pi a^3(\int_{0}^{\pi}\varphi^2\sin\varphi\mathrm{d}\varphi -$$

$$2\int_{0}^{\pi}\varphi\sin^2\varphi\mathrm{d}\varphi + \int_{0}^{\pi}\sin^3\varphi\mathrm{d}\varphi)$$

$$\int_{0}^{\pi}\varphi^2\sin\varphi\mathrm{d}\varphi$$

$$= \left[\varphi(2\sin\varphi - \varphi\cos\varphi) + 2\cos\varphi\right]\mid_{0}^{\pi}$$

$$= \left[\pi(2\sin\pi - \pi\cos\pi) + 2\cos\pi\right] - (0 + 2\cos 0)$$

$$= (\pi^2 - 2) - 2$$

$$= \pi^2 - 4$$

摆线族

$$\int_0^\pi \varphi\sin^2\varphi\,\mathrm{d}\varphi$$

$$= \left(\frac{1}{4}\varphi^2 - \frac{1}{8}\cos 2\varphi - \frac{1}{4}\varphi\sin 2\varphi\right)\Big|_0^\pi$$

$$= \left(\frac{1}{4}\pi^2 - \frac{1}{8}\cos 2\pi - \frac{1}{4}\pi\sin 2\pi\right) -$$

$$\left(\frac{1}{4}\times 0 - \frac{1}{8}\cos 0 - 0\right)$$

$$= \frac{1}{4}\pi^2$$

$$\int_0^\pi \sin^3\varphi\,\mathrm{d}\varphi$$

$$= \left(-\frac{1}{3}\sin^2\varphi\cos\varphi + \frac{2}{3}\cos\varphi\right)\Big|_0^\pi$$

$$= \left(-\frac{1}{3}\sin^2\pi\cos\pi + \frac{2}{3}\cos\pi\right) -$$

$$\left(-\frac{1}{3}\sin^2 0\cos 0 + \frac{2}{3}\cos 0\right)$$

$$= \left(-\frac{2}{3}\right) - \left(\frac{2}{3}\right) = -\frac{4}{3}$$

所以

$$\int_0^\pi \pi x^2\,\mathrm{d}y = \pi a^3\left[(\pi^2 - 4) - 2\times\frac{1}{4}\pi^2 + \left(-\frac{4}{3}\right)\right]$$

$$= \frac{1}{2}\pi^3 a^3 - 4\frac{4}{3}\pi a^3$$

$$= \frac{1}{2}\pi^3 a^3 - 5\frac{1}{3}\pi a^3$$

所以

$$V_{上} = \left(6\frac{1}{2}\pi^3 a^3 - 5\frac{1}{3}\pi a^3\right) - \left(\frac{1}{2}\pi^3 a^3 - 5\frac{1}{3}\pi a^3\right)$$

$$= 6\pi^3 a^3$$

因为 $\qquad\qquad V_{上} = V_{下}$

所以 $$V = 12\pi^3 a^3$$

这就证明了摆线旋转体的体积 $V = 12\pi^3 a^3$.

卵形摆线旋转体与前面介绍的摆线旋转体的区别在于,前者为摆线的双拱旋转而得,后者是由摆线的单拱旋转而得.

(2)求卵形摆线旋转体的表面积 S.

过 x 轴的水平面把摆线旋转体分成上下对称的两半,我们先求上半部的表面积 $S_上$. 即

$$S_上 = S_1 + S_2$$

$$S_1 = 2\pi \int_0^\pi x \mathrm{d}S$$

$$S_2 = 2\pi \int_\pi^{2\pi} x \mathrm{d}S$$

因为

$$x = a(\varphi - \sin \varphi), y = a(1 - \cos \varphi)$$

所以

$$\begin{aligned} \mathrm{d}S &= \sqrt{x'^2 + y'^2}\,\mathrm{d}\varphi \\ &= a\sqrt{2 - 2\cos \varphi}\,\mathrm{d}\varphi \\ &= 2a\sin \frac{\varphi}{2}\,\mathrm{d}\varphi \end{aligned}$$

因为

$$2\pi\int x \mathrm{d}S = 2\pi\int a(\varphi - \sin \varphi) \cdot 2a\sin \frac{\varphi}{2}\,\mathrm{d}\varphi$$

$$= 4\pi a^2 \left(\int \varphi \sin \frac{\varphi}{2}\,\mathrm{d}\varphi - \int \sin \varphi \sin \frac{\varphi}{2}\,\mathrm{d}\varphi \right)$$

而

$$\begin{aligned} \int \varphi \sin \frac{\varphi}{2}\,\mathrm{d}\varphi &= 4\int \frac{\varphi}{2}\sin \frac{\varphi}{2}\,\mathrm{d}\frac{\varphi}{2} \\ &= 4\left(\sin \frac{\varphi}{2} - \frac{\varphi}{2}\cos \frac{\varphi}{2} \right) + C_1 \end{aligned}$$

摆线族

$$\int \sin\varphi \sin\frac{\varphi}{2}d\varphi = 4\int \sin^2\frac{\varphi}{2}\cos\frac{\varphi}{2}d\frac{\varphi}{2}$$

$$= \frac{4}{3}\sin^3\frac{\varphi}{2} + C_2$$

所以

$$2\pi\int x dS$$

$$= 4\pi a^2\left[4\left(\sin\frac{\varphi}{2} - \frac{\varphi}{2}\cos\frac{\varphi}{2}\right) - \frac{4}{3}\sin^3\frac{\varphi}{2}\right] + C$$

$$= 16\pi a^2\sin\frac{\varphi}{2} - 8\pi a^2\varphi\cos\frac{\varphi}{2} - \frac{16}{3}\pi a^2\sin^3\frac{\varphi}{2} + C$$

所以

$$S_1$$

$$= 2\pi\int_0^\pi x dS$$

$$= \left(16\pi a^2\sin\frac{\varphi}{2} - 8\pi a^2\varphi\cos\frac{\varphi}{2} - \frac{16}{3}\pi a^2\sin^3\frac{\varphi}{2}\right)\Big|_0^\pi$$

$$= \left(16\pi a^2\sin\frac{\pi}{2} - 8\pi a^2\pi\cos\frac{\pi}{2} - \frac{16}{3}\pi a^2\sin^3\frac{\pi}{2}\right) -$$

$$\left(16\pi a^2\sin 0 - 0 - \frac{16}{3}\pi a^2\sin^3 0\right)$$

$$= 16\pi a^2 - \frac{16}{3}\pi a^2$$

$$= \frac{32}{3}\pi a^2$$

$$S_2$$

$$= 2\pi\int_\pi^{2\pi} x dS$$

$$= \left(16\pi a^2\sin\frac{\varphi}{2} - 8\pi a^2\varphi\cos\frac{\varphi}{2} - \frac{16}{3}\pi a^2\sin^3\frac{\varphi}{2}\right)\Big|_\pi^{2\pi}$$

$$= \left[16\pi a^2\sin\pi - 8\pi a^2(2\pi)\cos\pi - \frac{16}{3}\pi a^2\sin^3\pi\right] -$$

22

$$\left[16\pi a^2 \sin \frac{\pi}{2} - 8\pi a^2 (\pi) \cos \frac{\pi}{2} - \frac{16}{3}\pi a^2 \sin^3 \frac{\pi}{2} \right]$$

$$= 16\pi^2 a^2 - \left(16\pi a^2 - \frac{16}{3}\pi a^2 \right)$$

$$= 16\pi^2 a^2 - \frac{32}{3}\pi a^2$$

所以

$$S_{上} = S_1 + S_2$$
$$= \frac{32}{3}\pi a^2 + 16\pi^2 a^2 - \frac{32}{3}\pi a^2$$
$$= 16\pi^2 a^2$$

则整个卵形摆线旋转体的表面积

$$S = S_{上} + S_{下}$$
$$= 16\pi^2 a^2 + 16\pi^2 a^2$$
$$= 32\pi^2 a^2$$

当然我们利用积分法可以求出由摆线的一部分绕着各种不同的轴旋转形成的立体图形的体积、表面积以及重心.

总之对于与摆线有关的弧长、面积、体积的计算可以说基本上都能解决了. 这些知识在设计"摆线油马达"、"摆线针轮行星减速器"等的过程中是经常要用到的,不过这些计算要更复杂些,还要考虑一些其他因素.

§3　摆线的切线和法线

一、摆线的切线和法线

切线的基本概念　根据一般曲线的切线的定义知,如图 16 所示,如果 P_1 和 P_2 是摆线一拱上邻近的

摆线族

两点，设 P_1 是定点，当点 P_2 沿着摆线无限地接近点 P_1 时，割线 P_1P_2 的极限位置 P_1T 叫作在这条摆线上经过点 P_1 的切线，点 P_1 叫作切点.

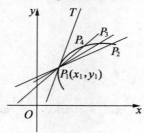

图 16

法线的定义 经过切点并且垂直于此切线的直线叫作摆线在这点的法线（图 17）.

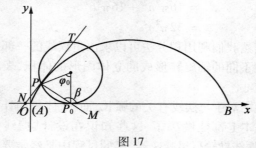

图 17

点 P 是摆线 $\overset{\frown}{AB}$ 上的任一切点，PT 是过点 P 的切线，PM 是过点 P 的法线（$PM \perp PT$）.

假设母圆的半径为 a，摆线 $\overset{\frown}{AB}$ 的参数方程为
$$\begin{cases} x = a(\varphi - \sin\varphi) \\ y = a(1 - \cos\varphi) \end{cases} (0 \leqslant \varphi \leqslant 2\pi)，滚动角 \varphi 为参数. 现在$$
求过摆线 $\overset{\frown}{AB}$ 上一定点 P（其滚动角为已知数 φ_0）的切线的倾斜角、斜率、切线方程和法线方程.

24

解　如图 17 所示,建立坐标系.

设切线 PT 与 x 轴的交点为 N, $\angle PNx = \alpha$,则切线 PT 的斜率 $K = \tan \alpha$,下面我们用微分法求出这个斜率

$$K = \tan \alpha = \frac{\dfrac{\mathrm{d}y}{\mathrm{d}\varphi}}{\dfrac{\mathrm{d}x}{\mathrm{d}\varphi}} = \frac{\dfrac{\mathrm{d}(a - a\cos \varphi)}{\mathrm{d}\varphi}}{\dfrac{\mathrm{d}(a\varphi - a\sin \varphi)}{\mathrm{d}\varphi}}$$

$$= \frac{a\sin \varphi}{a - a\cos \varphi}$$

$$= \frac{\sin \varphi}{1 - \cos \varphi}$$

$$= \cot \frac{\varphi}{2}$$

$$= \tan\left(90° - \frac{\varphi}{2}\right)$$

因为在点 P, $\varphi = \varphi_0$,所以 $K_{PT} = \cot \dfrac{\varphi_0}{2}$,故

$$\alpha = 90° - \frac{\varphi_0}{2}$$

又因法线 PM 和切线 PT 互相垂直,所以它们的斜率互为负倒数,即 $K_{PM} \cdot K_{PT} = -1$. 所以

$$K_{PM} = -\frac{1}{K_{PT}} = -\frac{1}{\cot \dfrac{\varphi_0}{2}} = -\tan \frac{\varphi_0}{2}$$

现在我们把所得到的结论用定理的形式写出来.

定理 3　过摆线上定点 $P(\varphi = \varphi_0)$ 的切线 PT 的倾斜角 $\alpha = 90° - \dfrac{\varphi_0}{2}$.

摆线族

定理4 过摆线上定点 $P(\varphi = \varphi_0)$ 的切线 PT 的斜率 $K_{PT} = \tan\left(90° - \dfrac{\varphi_0}{2}\right) = \cot\dfrac{\varphi_0}{2}$.

定理5 过摆线上定点 $P(\varphi = \varphi_0)$ 的法线 PM 的倾斜角 $\beta = 180° - \dfrac{\varphi_0}{2}$.

定理6 过摆线上定点 $P(\varphi = \varphi_0)$ 的法线 PM 的斜率 $K_{PM} = -\tan\dfrac{\varphi_0}{2}$.

下面推导切线 PT 和法线 PM 的方程.

设点 P 的直角坐标为 (x_0, y_0),则

$$\begin{cases} x_0 = a\varphi_0 - a\sin\varphi_0 \\ y_0 = a - a\cos\varphi_0 \end{cases}$$

(1)求切线 PT 的方程.

因为 $\qquad K_{PT} = \cot\dfrac{\varphi_0}{2} = \dfrac{\sin\varphi_0}{1 - \cos\varphi_0}$

根据直线的点斜式方程,得切线 PT 的方程为

$$y - y_0 = K_{PT}(x - x_0)$$

即 $\quad y - a + a\cos\varphi_0 = \dfrac{\sin\varphi_0}{1 - \cos\varphi_0}(x - a\varphi_0 + a\sin\varphi_0)$

(2)求法线 PM 的方程.

因为 $\qquad K_{PM} = -\tan\dfrac{\varphi_0}{2} = -\dfrac{\sin\varphi_0}{1 + \cos\varphi_0}$

所以法线 PM 的方程为

$$y - y_0 = K_{PM}(x - x_0)$$

即

$$y - a(1 - \cos\varphi_0) = -\dfrac{\sin\varphi_0}{1 + \cos\varphi_0}(x - a\varphi_0 + a\sin\varphi_0)$$

经过化简整理后得到:

（1）过点 P 的切线 PT 的方程为

$$x\sin \varphi_0 - y(1 - \cos \varphi_0) - a\varphi_0 \sin \varphi_0 -$$
$$2a\cos \varphi_0 + 2a = 0 \qquad (3)$$

（2）过点 P 的法线 PM 的方程为

$$x\sin \varphi_0 + y(1 + \cos \varphi_0) - a\varphi_0 \sin \varphi_0 = 0 \qquad (4)$$

二、摆线的切线和法线的基本性质

现在根据切线和法线的方程很容易发现一个很重要的性质：

设法线 PM 与 x 轴的交点为 P_1，其坐标为 $(x_1, 0)$. 现在我们来求点 P_1 的横坐标 x_1（图 18）.

把 $y_1 = 0$ 代入方程（4）得

$$x_1 \sin \varphi_0 - a\varphi_0 \sin \varphi_0 = 0$$

因为 $\sin \varphi_0 \neq 0$，所以 $x_1 = a\varphi_0$.

所以点 P_1 的坐标为 $(a\varphi_0, 0)$.

如果 $\sin \varphi_0 = 0$，则 $\varphi_0 = 0$ 或 $\varphi_0 = 2\pi$，则点 P_1 的坐标仍为 $(a\varphi_0, 0)$. 这时我们发现 $OP_1 = a\varphi_0 = \overset{\frown}{P_1 P}$ 的长，这恰好说明了 P_1 就是过点 P 的母圆的"底"点，其坐标为 $(a\varphi_0, 0)$.

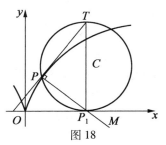

图 18

这个结论是摆线特有的性质，它对研究摆线有很大的价值，我们把它称为摆线法线的基本性质.

定理 7 摆线法线的基本性质：摆线的法线过相

27

应母圆的"底"点.

因为切线 PT 垂直法线 PM,设切线 PT 与过点 P 的母圆的另一个交点为 T,则因为 $\angle TPP_1 = 90°$,所以 P_1T 是母圆 C 的直径,而点 T 就是母圆 C 的最高点,我们称它为母圆的"顶"点.

我们从切线 PT 的方程也可以推得这样的结论,在方程

$$x\sin \varphi_0 - y(1 - \cos \varphi_0) - a\varphi_0\sin \varphi_0 - 2a\cos \varphi_0 + 2a = 0$$

中,令 $x = a\varphi_0$,代入方程得

$$a\varphi_0\sin \varphi_0 - y(1 - \cos \varphi_0) - a\varphi_0\sin \varphi_0 - 2a\cos \varphi_0 + 2a = 0$$

$$y(1 - \cos \varphi_0) = 2a(1 - \cos \varphi_0)$$

当 $1 - \cos \varphi_0 \neq 0$ 时,$y = 2a$;当 $1 - \cos \varphi_0 = 0$ 时,$\varphi_0 = \dfrac{\pi}{2}$,则 $y = 2a$.

所以切线 PT 与直线 $x = a\varphi_0$ 交于 $T(a\varphi_0, 2a)$,而 $T(a\varphi_0, 2a)$ 也正好是母圆 C 的最高点. 这样我们就得到了这个重要性质.

定理8 摆线切线的基本性质:摆线的切线过相应母圆的"顶"点.

根据定理7和定理8我们能非常容易地作出摆线上任一点的切线和法线来.

三、摆线的切线和法线的几何作图

画法(图19):

(1)过摆线上一定点 P,作过点 P 的母圆 C.

(2)过 C 作垂直于底的直径 AB.

(3)联结点 P 和母圆 C 的"顶"点 A,则 PA 就是摆线过点 P 的切线.

(4)联结点 P 和母圆 C 的"底"点 B,则 PB 就是

摆线过点 P 的法线.

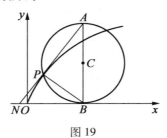

图 19

摆线的切线和法线的性质,首先是托里拆利在他的《几何学文集》(1644)一书里加以说明的,那时托里拆利曾利用关于运动合成的概念来研究它,但那时的证明还不太完善,后来法国数学家罗别尔瓦里才比较完善地解决了这个问题.

§4 摆线的等时性

摆线有一个很重要的特殊性质——等时性. 什么是摆线的等时性呢? 下面我们先来看一看伽利略的发现.

一、伽利略的发现

伽利略在教堂里观察了挂灯的摆动,他按住自己的脉搏,发现挂灯每做一次完整的摆动所需要的时间(即摆动周期)都相等.

由于空气的阻力和摩擦力,挂灯的摆幅越来越小,但伽利略还是觉得摆动的周期没改变. 因此伽利略得出这样的结论:挂灯每做一次完全的摆动所需的时间(周期)同摆幅的大小没有关系(我们把它叫作等时性).

29

在当时这是一个多么伟大的发现呀！但是它是一个错误的结论，是一个伟大的错误结论.

我们首先来看一看，为什么这是一个错误的结论呢？要知道伽利略所说的挂灯问题，实际上就是一个圆周摆的问题，也就是目前中学和大学物理课本中所提的单摆问题，我们的结论是单摆不具有等时性，下面来论证这个结论.

二、圆周摆问题

一条没有伸缩性的细线下端系一重球 P，当线的另一端固定在点 A 时，这就是单摆（图 20）.

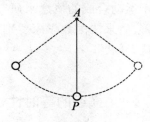

图 20

假如在理想的情况下：不考虑阻力和摩擦力，单摆在一个平面内摆动.

设重球的初始位置在点 B，在重力作用下，单摆进行摆动，从 B 到 C、再到 D，再回来从 D 到 C、再到 B（这就是一个周期），来回往复的摆动（图 21）.

现在要证明单摆不具备等时性，也就是证明单摆完成一个周期所需要的时间与单摆的初始位置点 B 没有关系.

我们先来计算从点 B 摆动到点 C 的时间（即一个周期的 $\frac{1}{4}$）（图 21）.

30

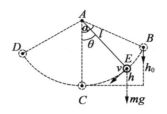

图 21

设 $AB = l$，重球 P 的质量为 m，振幅 $\angle BAC = \alpha$，点 B 到点 C 的垂直高度为 h_0.

又设点 E 为单摆在摆动时的任意一个位置，单摆偏角 $\angle CAE = \theta$，这时单摆的速度为 v，E 到 C 的垂直高度为 h. 则

$$h_0 = l - l\cos \alpha$$
$$h = l - l\cos \theta$$

根据能量守恒定律有

$$\frac{1}{2}mv^2 = mg(h_0 - h)$$

即

$$\frac{1}{2}mv^2 = mg(l - l\cos \alpha - l + l\cos \theta)$$
$$v^2 = 2gl(\cos \theta - \cos \alpha)$$

所以

$$v = \sqrt{2gl(\cos \theta - \cos \alpha)}$$

又因为在变速运动中，$\mathrm{d}t = \dfrac{\mathrm{d}s}{v}$，而 $\mathrm{d}s = l\mathrm{d}\theta$，设 t 从单摆在平衡位置 O 时算起，计算从 B 到 C 所用的时间，则有

$$t = \int_0^\alpha \mathrm{d}t = \int_0^\alpha \frac{\mathrm{d}s}{v}$$

摆线族

$$= \int_0^\alpha \frac{l\mathrm{d}\theta}{\sqrt{2gl(\cos\theta - \cos\alpha)}}$$

$$= \sqrt{\frac{l}{2g}} \int_0^\alpha \frac{\mathrm{d}\theta}{\sqrt{\cos\theta - \cos\alpha}}$$

$$= \frac{1}{2}\sqrt{\frac{l}{g}} \int_0^\alpha \frac{\mathrm{d}\theta}{\sqrt{\sin^2\frac{\alpha}{2} - \sin^2\frac{\theta}{2}}}$$

令

$$\sin\frac{\theta}{2} = \sin\frac{\alpha}{2}\sin\varphi, \frac{1}{2}\cos\frac{\theta}{2}\mathrm{d}\theta = \sin\frac{\alpha}{2}\cos\varphi\mathrm{d}\varphi$$

于是

$$t = \sqrt{\frac{l}{g}} \int_0^{\frac{\pi}{2}} \frac{\mathrm{d}\varphi}{\cos\frac{\theta}{2}}$$

$$= \sqrt{\frac{l}{g}} \int_0^{\frac{\pi}{2}} \frac{\mathrm{d}\varphi}{\sqrt{1 - \sin^2\frac{\alpha}{2}\sin^2\varphi}}$$

这个积分是第一类椭圆积分,不可能用初等函数表示它的值. 我们把它展开成无穷级数,则有

$$t = \sqrt{\frac{l}{g}}\left\{\frac{\pi}{2} + \frac{1}{2}\sin^2\frac{\pi}{2}\int_0^{\frac{\pi}{2}}\sin^2\varphi\mathrm{d}\varphi + \frac{1\cdot3}{2\cdot4}\sin^4\frac{\alpha}{2}\cdot\right.$$

$$\int_0^{\frac{\pi}{2}}\sin^4\varphi\mathrm{d}\varphi + \cdots + \frac{1\cdot3\cdot5\cdot\cdots\cdot(2n-1)}{2\cdot4\cdot6\cdot\cdots\cdot2n}\cdot$$

$$\left.\sin^{2n}\frac{\alpha}{2}\int_0^{\frac{\pi}{2}}\sin^{2n}\varphi\mathrm{d}\varphi + \cdots\right\}$$

因此,当振幅为 α 时,单摆的准确周期 T 应为

$$T = 4\sqrt{\frac{l}{g}} \int_0^{\frac{\pi}{2}} \frac{\mathrm{d}\varphi}{\sqrt{1 - \sin^2\frac{\alpha}{2}\sin^2\varphi}}$$

$$= 4\sqrt{\frac{l}{g}}\left\{\frac{\pi}{2} + \frac{1}{2}\sin^2\frac{\alpha}{2}\int_0^{\frac{\pi}{2}}\sin^2\varphi\mathrm{d}\varphi + \frac{1\cdot 3}{2\cdot 4}\sin^4\frac{\pi}{2}\cdot\right.$$

$$\int_0^{\frac{\pi}{2}}\sin^4\varphi\mathrm{d}\varphi + \cdots + \frac{1\cdot 3\cdot 5\cdot\cdots\cdot(2n-1)}{2\cdot 4\cdot 6\cdot\cdots\cdot 2n}\sin^{2n}\frac{\alpha}{2}\cdot$$

$$\left.\int_0^{\frac{\pi}{2}}\sin^{}\varphi\mathrm{d}\varphi + \cdots\right\}$$

因为 $0 \leqslant \alpha \leqslant \dfrac{\pi}{2}$ 时，$\sin\dfrac{\alpha}{2}$ 是增函数，所以单摆的周

期 T 不是与振幅 α 无关，而是当振幅 α 增大时，$\sin\dfrac{\alpha}{2}$
也增大，周期 T 也增大. 也就是说圆周摆的周期 T 是
随着振幅 α 的增大而增大，所以圆周摆不具有等时
性. 这就说明了伽利略的结论是错误的. 正是由于这个
结论是错误的，所以伽利略想利用圆周摆来调节钟表
的走动，却始终没有制成. 其原因是圆周摆的摆幅越
小，摆动周期也就越短，但是由于轴之间不可避免的摩
擦以及空气阻力，所以圆周摆的摆幅总是在逐渐缩小，
且它的摆动周期也在逐渐缩短，因此用圆周摆来调节
时钟是永远也走不准的.

那么伽利略的结论既然是错误的，为什么又说它
是伟大的呢？之所以伟大，其原因是伽利略开了研究
单摆的先河，他的结论引起了人们对单摆的广泛研究，
推动了科学的发展. 另一个原因是，伽利略的结论当摆
幅不大的情况下可以近似的认为是正确的. 因此直到
今天，大、中学的物理课本中所提到的单摆振动定律
是：在振幅很小时，单摆的振动周期跟摆长的平方根成
正比，跟重力加速度的平方根成反比.

单摆定律公式

$$T = 2\pi\sqrt{\frac{l}{g}}$$

（1）单摆的振动周期跟振幅无关.

（2）单摆的振动周期跟摆球的质量无关.

从上面的证明可以看出,这些结论都是近似正确的.

为什么在振幅很小的情况下可以这样认为呢? 从

公式 $T = 4\sqrt{\dfrac{l}{g}}\displaystyle\int_0^{\frac{\pi}{2}}\dfrac{\mathrm{d}\varphi}{\sqrt{1 - \sin^2\dfrac{\alpha}{2}\sin^2\varphi}}$ 可以看出,当 α

趋向于0时,$\sin\dfrac{\alpha}{2} \approx 0$,得 $\sqrt{1 - \sin^2\dfrac{\alpha}{2}\sin^2\varphi} \approx 1$,从而

$T \approx 2\pi\sqrt{\dfrac{l}{g}}$.

现在为了下面研究问题方便,我们可以把单摆运动看成是,一个钢球在一个半圆形的槽内做无阻力的滚动(图22).

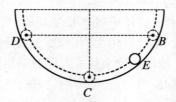

图 22

小球的振动周期与小球的振幅有关,也就是小球的初始位置越高则振动周期就越长.

那么有没有这样的曲线,当钢球在以这样的曲线做成的槽内运动时,其运动的振动周期与振幅无关呢?

（也就是说每一次振动所花的时间和振动的大小没有关系）我们说有这样的曲线，那就是摆线.

三、摆线的等时性

什么是摆线的等时性呢？

就是在重力作用下摆的重心沿着摆线摆动时，它的振动周期与振幅无关.

摆线的这个特性是荷兰著名的科学家克里斯坦·惠更斯发现并且证明的. 下面我们先来看惠更斯是怎样论证摆线的等时性的.

把一个槽轨做成摆线的形状，如图 23 所示.

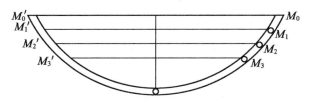

图 23　摆线的等时性

使一个重的小球在这个槽轨里滑动，假设小球是在理想条件（没有摩擦力也没有空气阻力）下进行滚动的，则摆线的等时性就是当小球从初始位置 M_1 滚到 M_1'，再滚回到 M_1 所需的时间，等于从初始位置 M_2 滚到 M_2'，再滚回到 M_2 所需的时间，也等于从初始位置 M_3 滚到 M_3'，再滚回到 M_3 所需的时间…… 总之不论从什么位置开始滚动，完成一个全振动所需要的时间都是相等的（这也就是振动周期与振幅无关）.

现在证明上面叙述的特性.

设一小钢球在理想情况下，沿着摆线槽轨滚动（图 24）.

M_0 和 M_0' 表示摆线的歧点，A 为顶点，设母圆半径

35

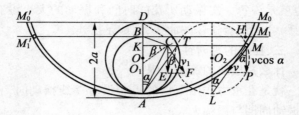

图 24　摆线的等时性的证明

为 a , 圆 O 是过顶点 A 的母圆, AD 为圆 O 的直径. 小钢球放在槽轨上的点 M_1 处, 不加推动使它在重力的作用下滚下来(即 M_1 为初始位置), 小钢球的质量为 m .

1. 求小球到达摆线上的任意一点 M 时的速度 v .

作过点 M 的母圆 O_2 , 小球从 M_1 滚到点 M , 高度降了 HM , 所以势能减少了 $mgHM$. 根据能量守恒定律, 这个减少的势能转变成小球运动的动能, 即有

$$\frac{1}{2}mv^2 = mg \cdot HM$$

所以

$$v = \sqrt{2g \cdot HM}$$

（1）这个速度的方向是摆线在点 M 的切线方向, 也就是弦 ML 的方向, 这里 L 是母圆 O_2 的最低点(这是摆线的切线的基本性质).

（2）这个速度的竖直分量为 $MP = v\cos\alpha$, 所以

$$v_{竖直分量} = MP = v\cos\alpha = \sqrt{2g \cdot HM} \cdot \cos\alpha \quad (5)$$

2. 作辅助圆.

过 M_1 作 $M_1M_1' /\!/ M_0M_0'$, 交 AD 于 B , 以 AB 为直径作辅助圆 O_1 , 过 M 作 $MK /\!/ M_0M_0'$, 交圆 O 于 T , 交圆 O_1 于 C , 交 AD 于 K .

连 AD, DT , 则 $\angle TAD = \angle MLO_2 = \angle LMP = \alpha$, 有

$$HM = BK$$

在 Rt$\triangle ATD$ 中，$AT = AD\cos\alpha = 2a\cos\alpha$.

在 Rt$\triangle AKT$ 中，$\cos\alpha = \dfrac{AK}{AT} = \dfrac{AK}{2a\cos\alpha}$.

所以 $\cos^2\alpha = \dfrac{AK}{2a}$，即

$$\cos\alpha = \sqrt{\dfrac{AK}{2a}} \qquad\qquad (6)$$

将式（6）代入式（5）得（注意 $BK = HM$）

$$\begin{aligned}
v_{\text{竖直分量}} = MP &= \sqrt{2g \cdot HM}\cos\alpha \\
&= \sqrt{2g \cdot BK} \cdot \sqrt{\dfrac{AK}{2a}} \\
&= \sqrt{\dfrac{g}{a}} \cdot \sqrt{BK \cdot AK} \qquad (7)
\end{aligned}$$

在 Rt$\triangle ABC$ 中，因为 $CK \perp AB$，所以

$CK^2 = BK \cdot AK$　（直角三角形中比例线段定理）

所以

$$v_{\text{竖直分量}} = MP = \sqrt{\dfrac{g}{a}} \cdot CK \qquad\qquad (8)$$

从式（8）看出，$v_{\text{竖直分量}}$ 的值完全取决于辅助圆上的弦 CK，也就是取决于点 C 在辅助圆上的位置.

3. 点 C 在辅助圆 O_1 上做匀速圆周运动.

设点 C 在辅助圆 O_1 上做匀速圆周运动，其角速度为

$$\omega = \sqrt{\dfrac{g}{a}}\,(\text{rad/s})$$

则点 C 在圆周上运动的线速度为

$$v_1 = R_1\omega = \dfrac{AB}{2}\sqrt{\dfrac{g}{a}} \quad （R_1 \text{ 为圆 } O_1 \text{ 的半径}）\qquad (9)$$

v_1 的方向是圆 O_1 在点 C 的切线方向（向下），故

摆线族

$$v_{1\text{竖直分量}} = CE = v_1\cos\beta \quad (\beta \text{ 为 } CE \text{ 和 } CF \text{ 的夹角})$$
$$(10)$$

连 O_1C,在 $\text{Rt}\triangle CKO_1$ 中,因为

$$\angle O_1CK = \beta \quad (\text{同角} \angle O_1CE \text{ 的余角相等})$$

所以

$$\cos\beta = \frac{KC}{O_1C} = \frac{KC}{R_1} = \frac{KC}{\frac{AB}{2}} \quad (11)$$

由式(9)~(11)得

$$v_{1\text{竖直分量}} = CE = v_1\cos\beta$$

$$= \frac{AB}{2}\sqrt{\frac{g}{a}} \cdot \frac{KC}{\frac{AB}{2}}$$

$$= \sqrt{\frac{g}{a}} \cdot KC \quad (12)$$

由式(8)和式(12)知

$$v_{1\text{竖直分量}} = CE = \sqrt{\frac{g}{a}} \cdot KC = MP = v_{\text{竖直分量}}$$

即 $v_{1\text{竖直分量}} = v_{\text{竖直分量}}$.

也就是在任何时间里,钢球从点 M_1 在重力的作用下,沿摆线滑动的竖直方向的速度和以角速度 $\sqrt{\frac{g}{a}}$ rad/s沿辅助圆 O_1 做匀速运动的点,在竖方向上的线速度相等.

所以点在圆周 O_1 上从 B 到 A 和小球在摆线上从 M_1 到 A 所花的时间相同(因为高度相同,速度又相等).

4. 求点以 $\sqrt{\dfrac{g}{a}}$ rad/s 的角速度在辅助圆 O_1 上从点 B 运动到点 A 所需的时间.

圆周 O_1 上的点以 $\sqrt{\dfrac{g}{a}}$ rad/s 的角速度转一个弧度所需的时间 $t_1 = \sqrt{\dfrac{a}{g}}$（s）.

现在从 B 到 A 转了 π 弧度所需时间是 $\pi\sqrt{\dfrac{a}{g}}$ s. 因此小钢球从点 M_1 沿着摆线滑到点 A 所需的时间也是 $\pi\sqrt{\dfrac{a}{g}}$ s. 同样，小钢球按照运动惯性从点 A 升到点 M_1' 所需要的时间也是 $\pi\sqrt{\dfrac{a}{g}}$ s. 再由点 M_1' 滑到点 A，以及由点 A 回升到原来的出发点 M 所需要的时间也都等于 $\pi\sqrt{\dfrac{a}{g}}$ s. 因此，小钢球完成一次摆动所需要的时间（摆动周期）等于 $4\pi\sqrt{\dfrac{a}{g}}$ s.

这样我们就得出一个非常有名的公式，我们把它叫作惠更斯公式：沿着摆线摆动的小球的周期是

$$T = 4\pi\sqrt{\dfrac{a}{g}}$$

从公式中我们看到，这个周期只决定于摆线的尺寸（摆线母圆的半径 a）和重力加速度 g，而和小球的初始位置无关. 小球从摆线上任一点开始运动，其摆动周期都是 $T = 4\pi\sqrt{\dfrac{a}{g}}$，也就是说摆动周期与振幅无关.

这就证明了摆线具有等时性,由于摆线具有等时性,所以也把摆线叫作等时曲线.

现在我们来看一个游戏. 我们做一个摆线型滑道（图25）.

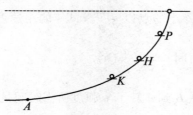

图 25

在 P,H,K 三个位置放三个钢球,让这三个球同时沿滑道自由滚动,问这三个钢球谁先到达点 A 呢?

如果没有学过摆线等时性的人一定会说 K 球先到达点 A.

对于我们学过摆线等时性的人当然会指出这三个球应该同时到达点 A,毫无疑问,这三个球将在点 A 发生碰撞.

四、摆钟

由于伽利略观察教堂里挂灯的摆动时发现摆动周期的不变性,这引起了人们想利用摆动的物体来调节钟表走动的想法.

但是,这时要克服这样一个困难,就是圆周摆在摆动的过程中,由于摩擦力和空气阻力,必然使其振幅逐渐减小,以至停止摆动,因此怎样使圆周摆的振幅保持不变呢?

伟大的科学家惠更斯最先解决了这个问题,并且创造了世界上第一个摆钟.

40

惠更斯是怎样解决上述问题的呢？图 26 是惠更斯摆钟的构造的示意图，齿轮 A 被挂在轴上的摆锤 B 牵动，轴的一端紧紧地衔接着另一个小齿轮（图上没有画出来），小齿轮带动指针，因此齿轮 A 必须要按均匀的速度运动才行.

但是摆锤 B 正像一般物体一样在重力作用下做加速运动，这个加速度也就传递给了齿轮 A，为了消除这种麻烦，就要用 MM 摆.

和齿轮 A 在同一平面上的擒纵器 C 和摆 MM 连接，摆 MM 本身在这个平面的后面，所以用虚线表示，擒纵器上有 H 和 K 两个齿，图 26 上画的是齿轮 A 被擒纵器的左齿 H 扣住的一刹那，当摆向

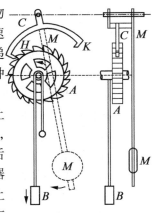

图 26　摆钟的构造

左摆时，擒纵器就放开了齿轮，于是齿轮开始转动，但是只转过半个齿，因为这时候擒纵器的右齿 K 又落到了齿轮上，把齿轮扣住了，当摆再度向右摆时，这方面的轮齿又被擒纵器的齿挡住了. 所以摆每摆动一次（来回一次），齿轮就匀速地错过一个齿牙，也就是转了圆周的若干分之一，齿轮的运动将是严格的匀速运动.

擒纵器齿的形状就像图 26 上画的那样是斜而尖的，被擒纵器扣住又放开的轮齿，就一定会顺着擒纵器齿的斜面移动.

因此擒纵器就把不大的推动力传达给摆. 这种周期性的推动力就补充了钟摆克服摩擦力和空气阻力所

消耗的能量. 所以摆幅（振幅）就不至于变小，这样看来，钟的作用就是向摆和齿轮传递能量，同时也就调整了钟的行走.

这时又出现了另一个问题，如果钟停了，要它再走动，这时就要把钟升高，并使摆摆动起来，这一次摆幅和前一次摆幅就不一定一样了，要知道圆周摆的摆幅变了，摆动的周期也跟着变了，这时钟走的虽然均匀，但是和前一次表示的时间就不一样了（或快或慢），因此钟就不准了，从这里看出了圆周摆是不能用的.

为了解决这个问题惠更斯发现并论证了摆线的等时性，同时创造了一种新型的摆叫摆线摆，完全解决了上面的问题.

五、摆线摆

什么样的摆叫作摆线摆？

如果摆的重心在摆线上运动，那么这个摆就叫作摆线摆，摆线摆是具有等时性的.

为了对比一下，我们讲什么摆叫作圆周摆呢？如果摆的重心在圆周上运动，那么这个摆就叫作圆周摆，圆周摆不具有等时性.

那么怎样使线上所系的小球在摆线上运动呢？惠更斯想出了如下的办法：

做一对凸形板（也可用木板来制作），每一块都做成摆线的半个拱形弧的形状，在它们共同的歧点 O' 处相接，如图 27 所示.

设摆线的母圆半径为 a，凸形板竖直地固定起来，在歧点 O' 处挂线，线长等于 $4a$，也就是说两倍于摆线母圆的直径，在线的自由端 T 系上有重量的小球.

这样，当小球运动时，细线将紧贴着凸形板的弧.

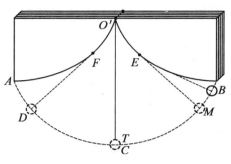

图 27

这时小球运动的轨迹 *BMCDA* 是一条摆线,它的母圆半径是 a,这是为什么呢? 我们将在第 5 章加以证明.

从以上分析看出这样做成的摆就是一个摆线摆,现在我们来证明摆线摆具有等时性.

如图 28 所示,建立坐标系,则摆线的参数方程为

$$\begin{cases} x = a(\varphi - \sin \varphi) \\ y = a(1 - \cos \varphi) \end{cases}$$

(滚动角 φ 为参数,$0 \leqslant \varphi \leqslant 2\pi$). 设摆线摆的初始位置在点 O,则从点 O 摆到点 A,完成摆动的半个周期所用的时间为 t,根据能量守恒定律有

$$\frac{1}{2}mv^2 = mgy, v = \sqrt{2gy}$$

在变速运动中 $\mathrm{d}t = \dfrac{\mathrm{d}s}{v}$,所以 $t = \displaystyle\int \mathrm{d}t = \int \dfrac{\mathrm{d}s}{v}$. 因

$$\mathrm{d}s = \sqrt{(\mathrm{d}x)^2 + (\mathrm{d}y)^2}$$
$$\mathrm{d}x = a(1 - \cos \varphi)\mathrm{d}\varphi$$
$$\mathrm{d}y = a\sin \varphi \mathrm{d}\varphi$$

所以

$$t = \int_0^{2\pi} \frac{\sqrt{a^2[(1 - \cos \varphi)^2 + (\sin \varphi)^2]\mathrm{d}^2\varphi}}{\sqrt{2ag(1 - \cos \varphi)}}$$

摆线族

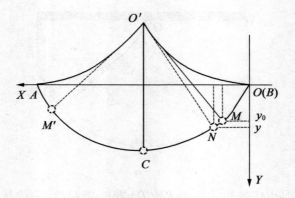

图 28

$$= \int_0^{2\pi} \sqrt{\frac{a}{g}} \cdot \sqrt{\frac{2(1-\cos\varphi)}{2(1-\cos\varphi)}} \mathrm{d}\varphi$$

$$= \sqrt{\frac{a}{g}} \varphi \mid_0^{2\pi} = 2\pi\sqrt{\frac{a}{g}}$$

所以当摆线摆完成一个周期所用的时间为

$$T = 2t = 4\pi\sqrt{\frac{a}{g}}$$

如果摆线摆的初始位置在任意一点 M 处（图 28），则当摆动到任意位置 N 时有

$$\frac{1}{2}mv^2 = mg(y - y_0)$$

$$v = \sqrt{2g(y - y_0)}$$

设初始位置点 M 所对应的滚动角为 φ_0，则当摆到点 M' 所对应的滚动角为 $2\pi - \varphi_0$，并设定半个周期所用的时间为 t，则有

$$t = \int_{\varphi_0}^{2\pi-\varphi_0} \frac{\sqrt{a^2[(1-\cos\varphi)^2 + \sin^2\varphi]\mathrm{d}^2\varphi}}{\sqrt{2ga[(1-\cos\varphi) - (1-\cos\varphi_0)]}}$$

$$= \int_{\varphi_0}^{2\pi-\varphi_0} \sqrt{\frac{2a^2(1-\cos\varphi)}{2ga(\cos\varphi_0-\cos\varphi)}}\,\mathrm{d}\varphi$$

$$= \sqrt{\frac{a}{g}} \int_{\varphi_0}^{2\pi-\varphi_0} \frac{\sqrt{2\cdot\dfrac{1-\cos\varphi}{2}}}{\sqrt{\cos\varphi_0-2\cos^2\dfrac{\varphi}{2}+1}}\,\mathrm{d}\varphi$$

$$= \sqrt{\frac{a}{g}} \int_{\varphi_0}^{2\pi-\varphi_0} \frac{\sqrt{2}\sin\dfrac{\varphi}{2}}{\sqrt{(\cos\varphi_0+1)-2\cos^2\dfrac{\varphi}{2}}}\,\mathrm{d}\varphi$$

$$= \sqrt{\frac{a}{g}} \int_{\varphi_0}^{2\pi-\varphi_0} \frac{-2\sqrt{2}\,\mathrm{d}\cos\dfrac{\varphi}{2}}{\sqrt{\cos\varphi_0+1}\cdot\sqrt{1-\left(\dfrac{\sqrt{2}\cos\dfrac{\varphi}{2}}{\sqrt{\cos\varphi_0+1}}\right)^2}}$$

$$= \sqrt{\frac{a}{g}} \int_{\varphi_0}^{2\pi-\varphi_0} \frac{-2\sqrt{2}\cdot\dfrac{\sqrt{\cos\varphi_0+1}}{\sqrt{2}}\,\mathrm{d}\dfrac{\sqrt{2}\cos\dfrac{\varphi}{2}}{\sqrt{\cos\varphi_0+1}}}{\sqrt{\cos\varphi_0+1}\cdot\sqrt{1-\left(\dfrac{\sqrt{2}\cos\dfrac{\varphi}{2}}{\sqrt{\cos\varphi_0+1}}\right)^2}}$$

$$= -2\sqrt{\frac{a}{g}}\arcsin\frac{\sqrt{2}\cos\dfrac{\varphi}{2}}{\sqrt{\cos\varphi_0+1}}\Bigg|_{\varphi_0}^{2\pi-\varphi_0}$$

$$= -2\sqrt{\frac{a}{g}}\left[\arcsin\frac{\sqrt{2}\cos(\pi-\dfrac{\varphi_0}{2})}{\sqrt{\cos\varphi_0+1}}-\arcsin\frac{\sqrt{2}\cos\dfrac{\varphi_0}{2}}{\sqrt{\cos\varphi_0+1}}\right]$$

45

摆线族

$$= -2\sqrt{\frac{a}{g}}\left[\arcsin\frac{-\sqrt{2}\cdot\sqrt{\dfrac{\cos\varphi_0+1}{2}}}{\sqrt{\cos\varphi_0+1}} - \arcsin\frac{\sqrt{2}\sqrt{\dfrac{\cos\varphi_0+1}{2}}}{\sqrt{\cos\varphi_0+1}}\right]$$

$$= -2\sqrt{\frac{a}{g}}\left[\arcsin(-1) - \arcsin 1\right]$$

$$= -2\sqrt{\frac{a}{g}}\left(-\frac{\pi}{2} - \frac{\pi}{2}\right)$$

$$= 2\pi\sqrt{\frac{a}{g}}$$

即当摆线摆完成半个周期所用的时间为

$$t = 2\pi\sqrt{\frac{a}{g}}$$

所以摆线摆的周期为 $T = 2t = 4\pi\sqrt{\dfrac{a}{g}}$.

从上面的推证中可以看出:摆线摆的振动周期与摆线摆的初始位置无关,也就是在理想的条件下摆线摆具有等时性.

因此只有摆线摆才真正具有一般物理课本中所叙述的振动定律,即:

摆线摆的振动周期跟摆长的平方根成正比,跟重力加速度的平方根成反比.

摆线摆定律公式为

$$T = 2\pi\sqrt{\frac{l}{g}} \quad (l = 4a,即摆长)$$

(1)摆线摆的振动周期与振幅无关.

(2)摆线摆的振动周期与摆球的质量无关.

现在还请看一下摆线摆在弧 AB 上点 C 处做很小振动时的情形(图 27),如果摆动很小时(一般限定摆

动角小于 5°),凸形板的控制影响几乎没有,这时摆线摆与吊在点 O' 的普通摆没有多大区别,所以摆长 $l = 4a$ 的普通圆周摆在摆动角很小时,其周期可以近似地用公式 $T = 2\pi\sqrt{\dfrac{l}{g}}$ 来计算.

其实摆线的等时性在 §3 已经证明过了,不过那是惠更斯用初等数学的方法证明的. 对比之下,用微积分的方法证明思路要简单得多,证明的主要步骤只是积分计算过程,可见微积分是研究图形性质的重要工具.

§5　最速降线

摆线还有另一个特性——摆线是最速降线. 最速降线的含义是什么? 摆线为什么是最速降线? 这是我们现在要解决的问题.

一、问题的提出

我们现在看这样一个问题. 如图 29 所示,有一个 $\triangle ABC$,假设它的斜边 AB 是冰山面,长度等于 20 m,高 $BC = 12$ m,计算一下雪橇从冰山的顶点 B 滑到山脚 A 所需要的时间(不计摩擦力和阻力).

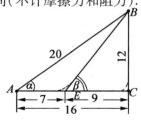

图 29　怎样滑得更快

摆线族

解决这个问题要用到伽利略的一条定理,即如果物体在斜面上运动时所受的外力只有重力,那么运动的路程的长度和时间的比等于下降的高度和自由落体降落该高度所需时间的比.

解 从点 B 滑到点 A 所下降的高度是 BC.

因为 $$BC = \frac{1}{2}gt^2 , BC = 12 \text{ m}$$

所以

$$t = \sqrt{\frac{2BC}{g}} = \frac{1}{\sqrt{g}} \cdot 2\sqrt{6} \approx 0.32 \times 4.90 = 1.57(\text{s})$$

$$\left(g = 9.81 \text{ N/kg}, \frac{1}{\sqrt{g}} = \frac{1}{\sqrt{9.81}} \approx 0.32, 2\sqrt{6} \approx 4.90\right).$$

根据伽利略定律知:

物体在斜边 AB 上滑下来所需的时间 T,满足下式

$$\frac{20}{T} = \frac{12}{t}$$

所以

$$T = \frac{20 \times t}{12} = 1.57 \times \frac{5}{3} = 2.61(\text{s})$$

因此,雪橇从山上滑下来需要 2.61 s.

现在我们假设另一种情况,就是雪橇从 B 滑到 A 并不是沿着 BA 山坡滑,而是沿着另一条比较复杂的路径来滑.

它首先沿着一个更陡些的山坡 BE 滑下来,然后在 EA 一段路程上用滑到山坡底时的末速度做惯性运动.设 $AE = 7, EC = 9$.求:沿 BEA 路线滑到点 A 所需要的时间.

解 根据伽利略定律知,从点 B 滑到点 E 所需要

的时间为 T_1，$BE = \sqrt{12^2 + 9^2} = \sqrt{225} = 15(\text{m})$，有

$$\frac{15}{T_1} = \frac{12}{t}$$

因为　　　　　　$t = 1.57(\text{s})$

所以　　　　$T_1 = \frac{15t}{12} = \frac{15 \times 1.57}{12} \approx 1.96(\text{s})$

　　从 B 滑到 E 的末速度，根据能量守恒定律知，当雪橇到达点 E 时的动能等于雪橇势能的减少，即

$$mgh = \frac{1}{2}mv^2, v = \sqrt{2gh} = \sqrt{2 \times 9.81 \times 12}(\text{m/s})$$

　　雪橇按惯性运动以后从点 E 运动到点 A 所需的时间 T_2 为

$$T_2 = \frac{7}{v}$$

$$= \frac{7}{\sqrt{2 \times 9.81 \times 12}}$$

$$= \frac{1}{\sqrt{9.81}} \times \frac{7}{12} \times \sqrt{6}$$

$$= 0.46(\text{s})$$

　　所以雪橇按 BEA 的路线从点 B 滑到点 A 所需的时间为

$$T = T_1 + T_2$$

$$= 1.96 + 0.46$$

$$= 2.42(\text{s})$$

　　比较一下就会发现，雪橇按 BEA 路线从点 B 滑到点 A 所需时间比从点 B 直接滑到点 A 所需时间要少些. 也就是说直线 AB 是点 A 和点 B 间最短的路程，但是却不是最节省时间的路线.

　　这是什么原因呢？这是因为山坡坡度增大而在速

度方面得到的好处,足够抵偿由于路程增长而受到的损失还有余.

那么是不是坡度越陡,从点 B 滑到点 A 就越节省时间呢?

现在我们假设雪橇走 BCA 这条路线,即雪橇先沿直立的山壁 BC 自由落下,然后再沿着一个小圆弧(图 29 中虚线)尽可能平滑地改变它的运动方向,最后沿着水平线 CA 保持着较大的速度按惯性运动到点 A. 求:按 BCA 这条路线从点 B 运动到点 A 所需的时间.

解 从点 B 自由落体降到点 C 所需的时间为

$$T_1 = \sqrt{\frac{2h}{g}} = \sqrt{\frac{2 \times 12}{g}} = 1.57(\mathrm{s})$$

从点 B 到点 C 的末速度,根据能量守恒定律有

$$\frac{1}{2}mv^2 = mgh, v = \sqrt{2gh}$$

雪橇按惯性运动,从点 C 匀速直线滑到点 A 所需的时间为

$$T_2 = \frac{AC}{v} = \frac{16}{\sqrt{2gh}}$$

$$= \frac{16}{\sqrt{2 \times 9.81 \times 12}}$$

$$= \frac{16}{15.344\ 054}$$

$$\approx 1.04(\mathrm{s})$$

所以沿路线 BCA 从点 B 运动到点 A 总共所需时间为

$$T = T_1 + T_2 = 1.57 + 1.04 = 2.61(\mathrm{s})$$

所以走这条路线也不节省时间.

因此我们看到,从点 B 运动到点 A,由于选择的路

线不同所用的时间也不同. 我们能否找到这样一条路线,使得走这样一条路线所花的时间最短呢?

也就是设 A, B 是距地面不同高度的两点,通过这两点求作曲线,使物体在重力作用下,从 B 到 A 沿这条曲线运动花的时间最少,所求的曲线就叫作"最速降线".

如果点 B 和点 A 在同一条竖直线上,那么最速降线显然是一条直线段.

如果点 B 和点 A 不在同一条竖直线上,那么最速降线将是摆线的一段. 这个结论将在后面加以证明.

下面为了进一步理解最速降线的含义,我们先来看几个与它相近的问题.

二、最短线问题

最速降线问题容易和最短线问题相混,因此为了解决"最速降线"这个难题,我们先把最短线问题讲一下,以便更深刻地去理解最速降线问题.

在平面几何中知道,两点间最短的距离是联结这两点的线段(图 30).

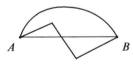

图 30

点到直线的最短距离是点到直线作垂线,这点到垂足的线段之长,就是点到直线的最短距离(图 31).

在中学几何中还有这样的问题,假设一条河的一侧有 A, B 两个村庄,现在由于某种原因,需要在河岸边建一个码头,假设河岸 HK 是一条直线,问这个码头 M 建在何处才能使 $BM + AM$ 为最短(图 32)?

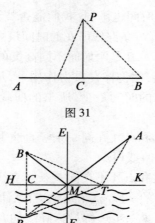

图 31

图 32

解 （1）以 HK 为对称轴作点 B 关于 HK 的对称点 B_1.

（2）连 AB_1 交 HK 于点 M，点 M 就是所要求的建码头的地点.

下面证明 $BM + AM$ 为最短.

在 HK 上除点 M 外，我们任取一点 T，连 AT, BT, BM, B_1T. 则在 $\triangle AB_1T$ 中

$$AT + B_1T > AB_1 \tag{13}$$

因为点 B 和点 B_1 关于 HK 对称，所以 HK 是 BB_1 的垂直平分线. 因此

$$BM = B_1M$$

所以

$$BM + AM = B_1M + AM = AB_1 \tag{14}$$

同样，$BT = B_1T$. 所以

$$BT + AT = AT + B_1T \tag{15}$$

将式(14),式(15)代入式(13)得

$$AT + B_1T > BM + AM$$

因为 T 是任意取的,这就说明在 HK 上随便选哪一点建码头,A 和 B 到这个码头的距离之和都大于 $BM + AM$. 所以 $BM + AM$ 为最短,因此我们上面求得的点 M 是正确的.

这个问题解决了,并且我们还发现了另外一个性质:过点 M 作 $EF \perp HK$,则 $\angle BME = \angle AME$.

这个结论是很显然的,在图上可以看出

$$\angle BME = \angle MBC \quad (\text{平行线内错角相等})$$

$$\angle AME = \angle MB_1C \quad (\text{平行线同位角相等})$$

又因为 $BM = B_1M$,所以 $\angle MBC = \angle MB_1C$. 所以 $\angle BME = \angle AME$(证毕).

这个性质与光线的反射定律极其相似——光线的投射角等于反射角.

早在 2000 年前亚历山大的学者赫伦就提出了,光线反射时"选择"最短的路程.

当然,类似的问题还可以举出一些来. 从这些例子中我们看到最短线问题的实质就是指距离最短的问题,而不考虑运动的速度和时间. 而最速降线问题则不同,它不但牵涉物体运动的距离,而且还牵涉物体运动的速度和时间.

三、费马问题

现在我们研究一下比较接近最速降线的问题——费马问题.

我们先举一个常见的代数问题.

假设要从 A 船(图33)派遣一位通讯员到 B 城去,小艇的速度是 $v(\text{km}/\text{h})$,通讯员步行的速度是 $w(\text{km}/\text{h})$. 设

距离 a, b, m 已知, 在 HK 岸上求出一点 M, 使通讯员在点 M 登陆, 走完全程 AMB 所花的时间最短.

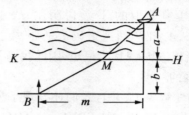

图 33　费马问题

　　这个问题和最短线问题不同, 它求的虽然也是一个点, 但它要求的是时间最短而不是距离最短. 这个问题既要考虑运动的距离, 又要考虑两种速度, 所以这个问题比最短线问题要困难得多.

　　下面举一个实例.

　　例 1　如图 34 所示, 渔轮停在离海岸 2 km 的 A 处, 离海边村庄 C 6 km, 有甲因事返回村庄 C, 划小船, 小船的速度为 4 km/h, 上岸步行速度为 5 km/h, 甲需划小船至何处上岸再步行回 C 所需的时间最少?

　　解　已知: $AB \perp BC$, $AB = 2$ km, $AC = 6$ km, 设甲从 D 处上岸再步行回 C 用时最少, 且 $BD = x$ km. 则在 Rt$\triangle ABD$ 中

图 34

$$AD = \sqrt{BD^2 + AB^2} = \sqrt{x^2 + 4}$$

　　从 A 划小船到 D 所用的时间为 $t_1 = \dfrac{\sqrt{x^2 + 4}}{4}$ (h),

在 Rt$\triangle ABC$ 中

54

$$BC = \sqrt{6^2 - 2^2} = \sqrt{32} = 4\sqrt{2}$$

所以 $\qquad CD = BC - BD = 4\sqrt{2} - x$

因此甲从 D 步行到 C 所用时间 $t_2 = \dfrac{4\sqrt{2} - x}{5}$（h）.

所以甲从 A 划小船到 D，由 D 上岸步行到 C 总共用的时间为

$$t = t_1 + t_2 = \frac{4\sqrt{2}}{5} + \frac{5\sqrt{x^2 + 4} - 4x}{20} \qquad (16)$$

令 $5\sqrt{x^2 + 4} - 4x = z$. 整理得

$$9x^2 - 8zx - z^2 + 100 = 0 \qquad (17)$$

因为存在 x 的实数解（如果不存在，本题无解），所以 $\Delta \geqslant 0$，因为

$$\Delta = 64z^2 - 4 \times 9(-z^2 + 100) = 100z^2 - 3\,600$$

所以

$$100z^2 - 3\,600 \geqslant 0$$
$$z^2 - 36 \geqslant 0$$
$$(z + 6)(z - 6) \geqslant 0$$

解得 $z \geqslant 6$.

因为要获得 t 的最小值，从式（16）知 $z = 6$.

当 $z = 6$ 时，代入式（17）得

$$9x^2 - 48x + 64 = 0$$

解得 $x = \dfrac{8}{3}$.

所以当甲划小船至距离点 B $\dfrac{8}{3}$ km 的 D 处上岸，再步行回 C 时所用的时间最少.

上面所讲的问题，就是费马问题. 法国大数学家皮埃尔·费马提出这样的问题：设图 35 中，光线在直线

MP 的上部速度是 v,在 MP 下部的速度是 w,问光线应该按什么样的路线才能花最少的时间从点 A 走到点 B.

　　自然规律给予最正确的回答,这就是光的折射定律.

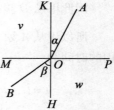

图 35

　　光线不是走 AB 两点连线这条最短的路线,而是走 AOB 这条最节省时间的路线.

　　这个规律是由荷兰的学者斯涅耳(Snell,1591—1626)用实验的方法发现的.

　　光线的折射定律是这样讲的:如果光线从介质 A 射入介质 B,那么投射角的正弦和折射角的正弦的比是一个常数(等于介质 B 的折射率和介质 A 的折射率的比).

　　这条定理还可以这样来叙述:光线投射角的正弦和折射角的正弦的比等于相应的光速的比,即 $\dfrac{\sin \alpha}{\sin \beta} = \dfrac{v}{w}$.

　　现在我们来证明,光线从点 A 走 AOB 这条适合于折射定律 $\dfrac{\sin \alpha}{\sin \beta} = \dfrac{v}{w}$ 的路线是所需时间最少的路线.

　　假设光线从点 A 沿直线运动到直线 HK,再从 HK 运动到点 B(图 36),设从点 A 运动到直线 HK 的运动速度是 v,从直线 HK 运动到点 B 的运动速度是 w. 求证:当 HK 上的点 C 满足条件 $\dfrac{\sin \alpha}{\sin \beta} = \dfrac{v}{w}$ 时,光线走 AC-CB 这条路线所需的时间最短.

证法1 在 HK 上任意取一点 F,我们来证明按路程 AFB 走比按路程 ACB 走所需的时间要长,则我们的问题就得证了.

如图36,过 F 作 $FD \perp AC$,交 AC 于 D,过 F 作 $FE \perp BC$ 交 BC 的延长线 BT 于 E,则 $\angle DFC = \angle PCA = \alpha$(角的对应边两两垂直).

同理,$\angle CFE = \angle BCM = \beta$.

所以在 Rt$\triangle CDF$ 中 $\sin \alpha = \dfrac{CD}{CF}$,在 Rt$\triangle CEF$ 中 $\sin \beta = \dfrac{CE}{CF}$.

图36

因为 $\dfrac{CD}{CE} = \dfrac{v}{w}$,所以有

$$\frac{CD}{v} = \frac{CE}{w} \tag{18}$$

按路程 ACB 走所需的时间为

$$
\begin{aligned}
t &= \frac{AC}{v} + \frac{CB}{w} \\
&= \frac{AD + DC}{v} + \frac{CB}{w} \quad (AC = AD + DC) \\
&= \frac{AD}{v} + \frac{DC}{v} + \frac{CB}{w} \\
&= \frac{AD}{v} + \frac{CE}{w} + \frac{CB}{w} \quad (根据式(18)\frac{CD}{v} = \frac{CE}{w}) \\
&= \frac{AD}{v} + \frac{BE}{w} \tag{19}
\end{aligned}
$$

按路程 AFB 走所需的时间为

$$t_1 = \frac{AF}{v} + \frac{FB}{w} \tag{20}$$

57

比较式(19)和式(20)：在 Rt$\triangle ADF$ 中，$AF > AD$；在 Rt$\triangle BEF$ 中，$BF > BE$.

证法 2 设在介质 m_1 中，光速为 v_1，在介质 m_2 中，光速为 v_2，令光线入射角为 θ_1，折射角为 θ_2，光线折射定理告诉我们

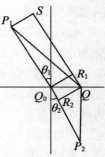

$$\frac{\sin\theta_1}{\sin\theta_2} = \frac{v_1}{v_2} \qquad (21)$$

如图 37，令 t_{Q_0} 表示光线由 P_1 经过 Q_0 到达 P_2 所用的时间，t_Q 表示光线由 P_1 经过 Q 到达 P_2 所用的时间，那么

图 37

$$t_{Q_0} = \frac{P_1Q_0}{v_1} + \frac{Q_0P_2}{v_2}, t_Q = \frac{P_1Q}{v_1} + \frac{QP_2}{v_2} \qquad (22)$$

现证明当 $Q \neq Q_0$ 时，$t_{Q_0} < t_Q$.

事实上，只需过 Q 作 $SQ \parallel P_1Q_0$，联结 QP_2，作 $SP_1 \perp P_1Q_0$，$R_1Q_0 \perp P_1Q_0$，$QR_2 \perp P_2Q_0$（图 37）. 于是 $\angle QQ_0R_1 = \theta_1$，$\angle QQ_0R_2 = \theta_2$，所以 $\dfrac{R_1Q}{R_2Q_0} = \dfrac{\sin\theta_1}{\sin\theta_2} = \dfrac{v_1}{v_2}$，

即 $\dfrac{R_1Q}{v_1} = \dfrac{R_2Q_0}{v_2}$，则

$$t_{Q_0} = \frac{P_1Q_0}{v_1} + \frac{Q_0P_2}{v_2} = \frac{SR_1}{v_1} + \frac{R_1Q}{v_1} - \frac{R_2Q_0}{v_2} + \frac{Q_0P_2}{v_2}$$

$$= \frac{SQ}{v_1} + \frac{R_2P_2}{v_2} \leqslant \frac{P_1Q}{v_1} + \frac{QP_2}{v_2} = t_Q$$

当且仅当 $Q = Q_0$ 时，等号成立.

证法 3 如图 38，取直线 l 为 x 轴，Q_0 为原点，过点 Q_0 垂直于 l 的直线为 y 轴建立直角坐标系，设 P_1

$(x_1,y_1),P_2(x_2,y_2),Q(x,0)$,
则

$$P_1Q = \sqrt{(x-x_1)^2 + y_1^2}$$

$$QP_2 = \sqrt{(x-x_2)^2 + y_2^2}$$

由 $t_Q = \dfrac{P_1Q}{v_1} + \dfrac{QP_2}{v_2}$,可将

问题的证明化归为证明对任

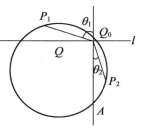

图 38

意 x_1 不等式

$$\frac{\sqrt{(x-x_1)^2 + y_1^2}}{v_1} + \frac{\sqrt{(x-x_2)^2 + y_2^2}}{v_2} \geqslant \frac{\sqrt{x_1^2 + y_1^2}}{v_1} + \frac{\sqrt{x_2^2 + y_2^2}}{v_2}$$

成立,当且仅当 $x=0$ 时,取等号.

首先,易证明对于任意实数 $x,x_1,y_1 \neq 0$,下列不等

式成立,$\sqrt{(x-x_1)^2 + y_1^2} \geqslant \sqrt{x_1^2 + y_1^2} - \dfrac{x_1 x}{\sqrt{x_1^2 + y_1^2}}$,当且

仅当 $x=0$ 时取等号. 于是,当 $y_1 \neq 0,y_2 \neq 0$ 时,我们有

$$\frac{\sqrt{(x-x_i)^2 + y_i^2}}{v_i} \geqslant \frac{\sqrt{x_i^2 + y_i^2}}{v_i} - \frac{x_i x}{v_i \sqrt{x_i^2 + y_i^2}} \quad (i=1,2)$$

当且仅当 $x=0$ 时,取等号.

由图 37 知,$\sin \theta_1 = -\dfrac{x_1}{\sqrt{x_1^2 + y_1^2}}, \sin \theta_2 = \dfrac{x_2}{\sqrt{x_2^2 + y_2^2}}$.

于是由 $\dfrac{\sin \theta_1}{\sin \theta_2} = \dfrac{v_1}{v_2}$ 得

$$-\frac{x_1 x}{v_1 \sqrt{x_1^2 + y_1^2}} = \frac{x_2 x}{v_2 \sqrt{x_2^2 + y_2^2}}$$

将上述含 i 的两个不等式相加得

摆线族

$$\frac{\sqrt{(x-x_1)^2+y_1^2}}{v_1}+\frac{\sqrt{(x-x_2)^2+y_2^2}}{v_2}\geq\frac{\sqrt{x_1^2+y_1^2}}{v_1}+\frac{\sqrt{x_2^2+y_2^2}}{v_2}$$

当且仅当 $x=0$ 时,取等号.

证法4 利用托勒密定理,平面内任意四点 $A,B,$ C,D,则 $AC\cdot BD\leqslant AB\cdot CD+AD\cdot BC$,当且仅当 $A,B,$ C,D 共线或共圆时,取等号.

在图 39 中,过 P_1,O,P_2 三点作圆(这三点不共线). 由托勒密定理知

$$P_1P_2\cdot OA=P_1O\cdot P_2A+OP_2\cdot P_1A$$

根据此不等式得

$$P_1P_2\cdot PA\leqslant P_1P\cdot P_2A+P_2P\cdot P_1A$$

设圆半径为 R,则

$$P_1A=2R\sin\theta_1,P_2A=2R\sin\theta_2$$

分别代入前两式得

$$P_1P_2\cdot OA=2R\sin\theta_1\sin\theta_2\left(\frac{P_1O}{\sin\theta_1}+\frac{P_2O}{\sin\theta_2}\right)$$

$$P_1P_2\cdot PA=2R\sin\theta_1\sin\theta_2\left(\frac{P_1P}{\sin\theta_1}+\frac{P_2P}{\sin\theta_2}\right)$$

因 $OA<PA$,所以

$$P_1P_2\cdot PA<P_1P_2\cdot OA$$

于是

$$\frac{P_1O}{\sin\theta_1}+\frac{P_2O}{\sin\theta_2}<\frac{P_1P}{\sin\theta_1}+\frac{P_2P}{\sin\theta_2}$$

令 $\dfrac{\sin\theta_1}{v_1}=\dfrac{\sin\theta_2}{v_2}=K$,则

$$P_1A=2KRv_1,P_2A=2KRv_2$$

即

$$P_1P_2 \cdot OA = 2RKv_1v_2\left(\frac{P_1O}{v_1} + \frac{P_2O}{v_2}\right)$$

$$P_1P_2 \cdot PA = 2RKv_1v_2\left(\frac{P_1P}{v_1} + \frac{P_2P}{v_2}\right)$$

由 $PA > OA$，即得

$$\frac{P_1A}{v_1} + \frac{AP_2}{v_2} > \frac{P_1O}{v_1} + \frac{OP_2}{v_2}$$

证法 5　利用柯西不等式

$$a_1b_1 + a_2b_2 \leqslant \sqrt{a_1^2 + a_2^2} \cdot \sqrt{b_1^2 + b_2^2}$$

图 39

如图 37，有

$$\sin\theta_1 = -\frac{x_1}{\sqrt{x_1^2 + y_1^2}}, \cos\theta_1 = \frac{y_1}{\sqrt{x_1^2 + y_1^2}}$$

$$\sin\theta_2 = \frac{x_2}{\sqrt{x_2^2 + y_2^2}}, \cos\theta_2 = \frac{y_2}{\sqrt{x_2^2 + y_2^2}}$$

设 $Q(x,0)$ 是直线 l 上的任意一点，则根据柯西不等式，有

$$\begin{aligned}
t_Q &= \frac{\sqrt{(x-x_1)^2 + y_1^2}}{v_1} + \frac{\sqrt{(x-x_2)^2 + y_2^2}}{v_2}\\
&= \frac{1}{v_1} \cdot \sqrt{(x-x_1)^2 + y_1^2} \cdot \sqrt{\sin^2\theta_1 + \cos^2\theta_1} + \\
&\quad \frac{1}{v_2}\sqrt{(x-x_2)^2 + y_2^2} \cdot \sqrt{\sin^2\theta_2 + \cos^2\theta_2}\\
&\geqslant \frac{(x-x_1)\sin\theta_1 + y_1\cos\theta_1}{v_1} + \frac{(x_2-x)\sin\theta_2 - y_2\cos\theta_2}{v_2}
\end{aligned}$$

当且仅当 $\dfrac{x-x_1}{\sin\theta_1} = \dfrac{y_1}{\cos\theta_1}, \dfrac{x_2-x}{\sin\theta_2} = -\dfrac{y_2}{\cos\theta_2}$，得

$$\frac{(x-x_1)\sin\theta_1 + y_1\cos\theta_1}{v_1} = \frac{x\sin\theta_1}{v_1} + \frac{\sqrt{x_1^2 + y_1^2}}{v_1}$$

$$\frac{(x_2-x)\sin\theta_2-y_2\cos\theta_2}{v_2}=-\frac{x\sin\theta_2}{v_2}+\frac{\sqrt{x_2^2+y_2^2}}{v_2}$$

又根据 $\dfrac{\sin\theta_1}{\sin\theta_2}=\dfrac{v_1}{v_2}$ 得

$$t_Q\geqslant\frac{\sqrt{x_1^2+y_1^2}}{v_1}+\frac{\sqrt{x_2^2+y_2^2}}{v_2}=t_{Q_0}$$

易知当且仅当 $x=0$ 时,等号成立.

所以

$$\frac{AF}{v}>\frac{AD}{v},\frac{BF}{w}>\frac{BE}{w}$$

$$\frac{AF}{v}+\frac{BF}{w}>\frac{AD}{v}+\frac{BE}{w}$$

故 $$t_1>t$$

也就是说按路程 *AFB* 走比按路程 *ACB* 走所用的时间要长.

这就证明了光线走 *AC-CB* 这条路线所用的时间最短.

现在把前面轮船问题和光线折射问题抛弃其具体内容,我们把费马问题可以归纳成这样的问题:如图 40,设有一个运动的质点从点 *A* 穿过直线 *MP* 到达点 *B*,它在直线 *MP* 上部的速度等于 v,在直线 *MP* 下部的速度等于 w,问质点穿过直线 *MP* 的哪一点 *O*,得到的由两个直线段组成的路程才是最节省时间的路程?

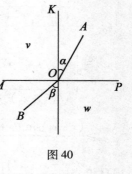

图 40

我们说点 O 应满足 $\dfrac{\sin\alpha}{\sin\beta}=\dfrac{v}{w}$. 费马问题非常接近最速降线问题,下面我们来研究最速降线问题.

四、最速降线问题

现在我们来解决最速降线问题. 最速降线问题又可称为最快滑行曲线问题,这个问题是这样说的:

设 A,B 是距地面不同高度的两点,通过这两点求作曲线,使物体在重力作用下从 B 到 A 沿这条曲线运动所需的时间最少.

我们现在把这个问题和费马问题比较一下. (1)费马问题是要求出一点 M,当沿折线 AMB 运动时所需的时间最少. 而最速降线问题是要求一条曲线,当沿这条曲线运动时所需的时间最少. (2)费马问题中只有两种速度,而且是给定的,而最速降线问题中速度是随时随地都在变化的. 因此最速降线问题比费马问题要难得多,它用初等数学的方法无法解决,用微积分学也不行. 这时我们要用一门新的数学学科——变分法才能解决最速降线问题. 下面简略地把这个问题的解法写出来,供大家参考.

最速降线问题还可以这样来叙述:在所有联结 A 和 B 两点的曲线之中求一条曲线,使得当质点在重力影响下,没有初速地沿此曲线从点 A 运动到点 B 所需的时间为最短.

为了求这个问题的解,我们应该考虑所有的可能联结 A 与 B 的曲线.

如果任取一条确定的曲线 l,它就给出了质点沿着它滑下所需时间的确定的值 T. 时间 T 依赖于曲线 l 的选择,而在所有的联结 A 与 B 的曲线之中要选择给

出 T 最小值的那一条曲线.

为了便于求解,如图 41 建立坐标系. 经过点 A 和点 B 作一垂直平面 M,显然最快滑行曲线应该在这个平面内,所以求最快滑行曲线时,我们就只需要限于这个平面 M 内的所有可能的曲线里来挑选出符合条件的曲线.

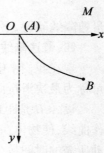

图 41

把点 A 取作坐标原点 O,过 O 的水平直线为 x 轴,竖直线 y 轴垂直向下,则点 A 的坐标为 $(0,0)$.

设点 B 的坐标为 (x_2,y_2),任取一条可由方程

$$y = f(x), 0 \leqslant x \leqslant x_2 \qquad (23)$$

给出的曲线,其中 f 是连续可微函数. 因曲线经过 A 和 B,所以函数 f 在区间 $[0,x_2]$ 的两端应满足条件

$$f(0) = 0, f(x_2) = y_2 \qquad (24)$$

如果在曲线上任意取一点 $M(x,y)$,则质点在曲线上的这个位置上运动的速度 v 与这点的 x 坐标,具有物理学中熟知的关系式(能量守恒定律)

$$\frac{1}{2}mv^2 = mgy, \frac{1}{2}v^2 = gy, v = \sqrt{2gy}$$

质点走过曲线的弧长元素 $\mathrm{d}s$ 所需要的时间为

$$\frac{\mathrm{d}s}{v} = \frac{\sqrt{1 + y'^2}}{\sqrt{2gy}}\mathrm{d}x, \mathrm{d}T = \frac{\mathrm{d}s}{v}$$

因此质点沿曲线从 A 滑行到 B 的整个时间为

$$T = \frac{1}{\sqrt{2g}}\int_0^{x_2} \frac{\sqrt{1 + y'^2}}{\sqrt{y}}\mathrm{d}x \qquad (25)$$

求最速降线就和解下列极小值问题等价:在满足

条件(24)的所有函数(23)之中,求相应于积分式(25)的最小值的那个函数.

一个函数能使满足边界条件(24)的积分式(25)有极值,则这个函数必须满足一定的微分方程(这是变分法中的一条结论,其证明大家可参看有关书籍,在这里可以举一个简单的例子帮助我们理解这个结论.例如,一个可微函数 f 在其点 x 具有极值的必要条件是它的微商 f' 在这点等于 0,即 $f'(x)=0$,也就是函数 f 满足一个微分方程 $f'(x)=0$).

例如,函数 $y(x)$ 能使积分

$$I(y) = \int_{x_1}^{x_2} F(x,y,y')\,\mathrm{d}x \qquad (26)$$

达到极值,则函数 $y(x)$ 必须满足欧拉微分方程

$$F_y(x,y,y') - F_{xy'}(x,y,y') - F_{yy'}(x,y,y')y' - F_{y'y'}(x,y,y')y'' = 0 \qquad (27)$$

这条结论在一般的变分法书中都有证明,请读者自己去查阅.

所以我们的最快滑行曲线的问题可化为求积分

$$I(y) = \int_0^{x_2} \frac{\sqrt{1+y'^2}}{\sqrt{y}}\,\mathrm{d}x$$

在满足边值条件 $y(0)=0$,$y(x_2)=y_2$ 的函数值域集合上的最小值.

在这个问题里 $F = \dfrac{\sqrt{1+y'^2}}{\sqrt{y}}$,欧拉方程为

$$-\frac{1}{2}y^{-\frac{3}{2}}\sqrt{1+y'^2} - \frac{\mathrm{d}}{\mathrm{d}x}\left(y^{-\frac{1}{2}}\frac{y'}{\sqrt{1+y'^2}}\right) = 0$$

经过化简后,它可化成

摆线族

$$\frac{2y''}{1+y'^2} = -\frac{1}{y}$$

两边乘以 y'，重积分得

$$\ln(1+y'^2) = -\ln y + \ln k$$

或
$$y'^2 = \frac{k}{y} - 1, \sqrt{\frac{y}{k-y}}\,\mathrm{d}y = \pm\,\mathrm{d}x$$

现在令 $y = \dfrac{k}{2}(1-\cos u)$，$\mathrm{d}y = \dfrac{k}{2}\sin u\mathrm{d}u$，经过代换与化简后，得到

$$\frac{k}{2}(1-\cos u)\,\mathrm{d}u = \pm\,\mathrm{d}x$$

于是，积分后即得

$$x = \pm\frac{k}{2}(u-\sin u) + C$$

因为曲线经过坐标原点，故有 $C = 0$.

由此可见联结 AB 的最速降线是摆线

$$\begin{cases} x = \dfrac{k}{2}(u-\sin u) \\ y = \dfrac{k}{2}(1-\cos u) \end{cases}$$

常数 k 应当从这条曲线经过 $B(x_2, y_2)$ 的条件求出. 设 $a = \dfrac{k}{2}$，则可化成摆线参数方程的标准式

$$\begin{cases} x = a(u-\sin u) \\ y = a(1-\cos u) \end{cases}$$

我们解决了最速降线问题，从而也证明了摆线具有最速降线这个特性.

最速降线问题是约翰·伯努利在 1696 年提出的. 他的哥哥雅可布·伯努利曾想用初等方法来解决这个

66

问题,但是其解法相当不完备.许多著名的数学家都为解决最速降线问题出过力,莱布尼茨、牛顿、罗别尔瓦里等,直到 18 世纪导致了变分学的产生.最速降线问题是历史上变分法开始发展解决的第一个问题.

在我国古代就把摆线的最速降线的特性应用在建筑中(图 42).

有许多"大屋顶"的房子,其屋顶的剖面截线就是由摆线的拱形弧组成的,把房顶建修成摆线,可以让降落在房顶上的雨水,以最快的速度流走,这对保护房屋延长房屋的使用期限是最理想的设计.

图 42

§6 摆线的分类

现在我们来回顾一下 §1 中讲的摆线的定义,在那里是这样叙述的:在平面上一个动圆沿着一条定直线无滑动地滚动时,动圆圆周上一定点 P 的运动轨迹叫作摆线.

如果定点 P 不在圆周上,这时又分成两种情况:

(1)当定点 P 在圆周内,则当动圆滚动时,定点 P 的轨迹叫作短摆线.

（2）当定点 P 在圆周外,则当动圆滚动时,定点 P 的轨迹叫作长摆线.

这里点 P 应该在动圆所在的平面内.

下面来具体研究一下短摆线和长摆线.

一、短摆线

1. 定义

半径为 a 的圆沿着一条直线做无滑动地滚动,圆周内某一定点 P 的轨迹称为短摆线（图 43）.

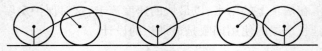

图 43　短摆线

2. 短摆线的参数方程

建立坐标系如图 44,设半径为 a 的圆在 Ox 轴上滚动,开始滚动时,过点 P 的半径在 y 轴上,点 P 到中心的距离为 $b(b<a)$.

设 C 为圆心,$P(x,y)$ 是轨迹上的任一点,CP 的延长线交圆 C 于 Q,过 C,P 分别作 x 轴的垂线 CA,PM,再从点 P 作 x 轴的平行线,交 CA 于 N.

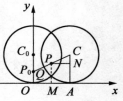

图 44

因为 $CQ=a$,$CP=b$,又因为滚圆沿基线滚过的弧长等于滚过的基线部分的长,所以 OA 的长等于 $\overset{\frown}{QA}$ 的长. 则

$$x = OA - MA = \overset{\frown}{QA} - PN = a\varphi - b\sin\varphi$$
$$y = PM = NA = CA - CN = a - b\cos\varphi$$

所以短摆线的参数方程为

68

$$\begin{cases} x = a\varphi - b\sin\varphi \\ y = a - b\cos\varphi \end{cases}$$　（滚动角 φ 为参数）

二、长摆线

1. 定义

半径为 a 的圆沿着一条直线做无滑动地滚动,动圆的一条半径的延长线上有一定点 P 的轨迹称为长摆线(图 45).

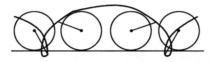

图 45　长摆线

2. 长摆线的参数方程的推导

如图 46,建立坐标系. 设半径为 a 的圆在 Ox 轴上滚动,开始滚动时过 OP' 作 y 轴,点 P 到中心的距离为 $b(b > a)$.

设 C 为圆心,$P(x,y)$ 是轨迹上的任一点,CP 交圆 C 于点 B. 作 $PN \perp x$ 轴,$CA \perp x$ 轴,$PM \perp CA$,取滚动角 $\angle ACP = \varphi$ 为参数.

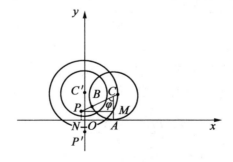

图 46

69

因为 $CB = a$，$CP = b$. 又因为滚圆沿基线滚过的弧长等于滚过的基线部分的长，所以 OA 的长等于 $\overset{\frown}{AB}$ 的长. 则

$$x = -|NO| = -(|NA| - |OA|) = -|PM| + |OA|$$
$$= -(b\sin\varphi - a\varphi) = a\varphi - b\sin\varphi$$
$$y = |PN| = |MA| = |CA| - |CM| = a - b\cos\varphi$$

所以长摆线的参数方程为

$$\begin{cases} x = a\varphi - b\sin\varphi \\ y = a - b\cos\varphi \end{cases}$$

三、火车轮子上的定点的运动

火车轮子上的定点是怎样运动的呢？我们先看一下火车轮的构造(图 47).

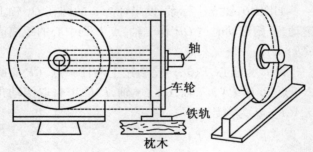

轴

车轮

铁轨

枕木

图 47　火车轮的构造

当火车在笔直的铁轨上向前运动时，火车轮上一点的运动轨迹就有下列三种类型的曲线(图 48).

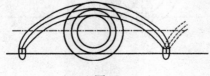

图 48

70

从图上我们看出火车轮上一点(也就是与铁轨接触的点)的运动轨迹是一个普通摆线,普通摆线是由沿基线无滑动的圆周上的一定点画出来的.

而火车轮内一点的运动轨迹是一条短摆线,短摆线是由沿基线连滚带滑的圆周上的一点画出来的.

火车轮圈上一点的运动轨迹是一条长摆线.长摆线也可以看作是由滚动圆周上的一点所产生的曲线,但是这滚动必然伴随着反向的滑动.

我们遇到的著名的有趣问题:火车上哪一点是朝着跟火车运动方向相反的方向运动的? 也就是火车向前跑,火车上有的点却向后运动,这个问题的答案是:火车轮圈上最低的一点是向火车运动方向相反的方向运动的.

四、摆线的分类

从上面的分析,我们看到摆线、短摆线和长摆线它们关系非常密切,图像也差不多,我们就把这三种曲线归成一种类型叫作摆线型曲线.

1. 摆线型曲线的统一定义

平面上一个动圆沿着一条定直线无滑动地滚动时,动圆所在平面上的一定点 P 的轨迹叫作摆线型曲线.

当点 P 在动圆圆上,则点 P 的轨迹是普通摆线.

当点 P 在动圆周内,则点 P 的轨迹是短摆线.

当点 P 在动圆周外,则点 P 的轨迹是长摆线.

2. 摆线型曲线的统一方程

设动圆半径为 a,动圆所在平面上的定点 P 到动圆圆心的距离为 b,和推导摆线标准方程时一样建立坐标系,则摆线型曲线的参数方程为

摆线族

$$\begin{cases} x = a\varphi - b\sin\varphi \\ y = a - b\cos\varphi \end{cases}$$

当 $b = a$ 时为普通摆线.

当 $b < a$ 时为短摆线.

当 $b > a$ 时为长摆线.

可以这样说,摆线、短摆线和长摆线它们像一个家庭里的亲兄弟一样,这个家庭还有一些亲戚那就是外摆线和内摆线.

摆线型曲线是动圆沿一条直线滚动而产生的,外摆线和内摆线是动圆沿着一条圆弧滚动而产生的. 在下面的章节里我们就来介绍摆线型曲线的亲亲眷眷.

外摆线

§1 外摆线的概念

一、外摆线的概念

1. 外摆线的定义

在平面上一个动圆与一个定圆相外切,并做无滑动的滚动,则动圆周上一定点的轨迹称为外摆线(图1).

这里定圆叫作基圆,动圆叫作母圆.

因为动圆在定圆上无滑动地滚动,当母圆滚动一周时,母圆周上点 M 的轨迹就是外摆线的一

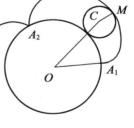

图1 外摆线

个拱形弧 A_1MA_2. 而一个拱形弧的两个端点 A_1, A_2 叫作外摆线的歧点,而定圆 O 上 $\overset{\frown}{A_1A_2}$ 的长等于 $2\pi r$(r 为动圆的半径)叫作外摆线的底.

当定圆半径 $R = nr$ 时,则定圆 O 的圆周为
$$C = 2\pi R = n \cdot 2\pi r \quad (n \text{ 为正整数})$$
这时动圆上就有 n 个歧点,外摆线就有 n 个拱形弧.

二、外摆线的参数方程

设定圆半径为 R,一个半径为 r 的动圆始终与定圆外切,当动圆在定圆外沿定圆无滑动地滚动时,求动圆上一定点 M 的轨迹方程.

解 建立坐标系(图 2),设 A 是点 M 的初始位置,以通过 OA 的直线为 x 轴,过点 O 作 x 轴的垂线为 y 轴.

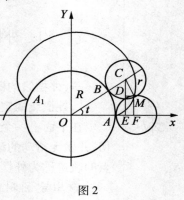

图 2

又设 $M(x, y)$ 为轨迹上任一点,圆 C 为点 M 相应的母圆. 过 C 作 $CE \perp x$ 轴,过 M 作 $MF \perp x$ 轴,$MD \perp CE$,连 CM,OC.

再设 $\angle MCB = \theta$ 为滚动角,$\angle MCD = \varphi$ 为辅助角,$\angle AOC = t$ 为公转角.

取公转角 t 为参数,则
$$x = OF = OE + EF = OC \cdot \cos t + DM$$
$$= (R + r)\cos t + r\sin \varphi \tag{1}$$
$$y = MF = DE = CE - CD = OC \cdot \sin t - r\cos \varphi$$
$$= (R + r)\sin t - r\cos \varphi \tag{2}$$

因为动圆在定圆上无滑动的滚动. 所以 $\overset{\frown}{AB}$ 的长等于 $\overset{\frown}{BM}$ 的长,即 $Rt = r\theta$,所以 $\theta = \dfrac{R}{r}t$.

74

因为　　　　　$(\pi-\theta)+\varphi=\dfrac{\pi}{2}+t$

所以

$$\varphi=\theta+t-\frac{\pi}{2}=\frac{R+r}{r}t-\frac{\pi}{2} \qquad (3)$$

将式（3）代入式（1）和式（2），得

$$\begin{cases} x=(R+r)\cos t-r\cos\dfrac{R+r}{r}t \\[2mm] y=(R+r)\sin t-r\sin\dfrac{R+r}{r}t \end{cases} \quad (-\infty<t<+\infty)$$

这就是外摆线的参数方程.

三、外摆线的周期性

由图 2 可知，当动圆滚了一周，动圆上定点 M 又落到了定圆上点 A_1 的位置，这时 $\theta=2\pi$，$t=\dfrac{r}{R}\theta=\dfrac{2\pi r}{R}$，动圆滚动 k 周时，相应的参数 $t_k=\dfrac{2k\pi r}{R}$. 下面分三种情况进行讨论.

1. 当 $R=nr$（n 为正整数）时.

动圆滚动一周，点 M 又落到定圆上，这时得到外摆线的第一个歧点 A_1，相应的参数 $t_1=1\cdot\dfrac{2\pi}{n}$，动圆再滚动一周，点 M 再次落到定圆上，这时得到外摆线的第二个歧点 A_2，相应的参数 $t_2=2\cdot\dfrac{2\pi}{n}$，像这样的圆继续滚下去，当动圆滚动了 $k(k<n)$ 周时，就得到外摆线的第 k 个歧点 A_k，相应的参数 $t_k=k\cdot\dfrac{2\pi}{n}$.

当动圆在定圆上无滑动地滚了 n 周时，点 M 又落到定圆上，我们就得到外摆线的第 n 个歧点 A_n，这时

相应的参数 $t_n = n \cdot \dfrac{2\pi}{n} = 2\pi$,我们发现歧点 A_n 和质点 A 重合. 如果动圆继续滚下去,点 M 虽然继续又落到定圆圆周上,但它却相继与 $A_1, A_2, A_3, \cdots, A_k, \cdots, A_n$ 等歧点重合. 那么点 M 描出与原来曲线完全重合的曲线.

这样可看出当 $R = nr$ 时,外摆线有 n 个歧点,外摆线是由 n 个完全相同的拱形弧组成的封闭曲线.

这时外摆线的参数方程为

$$\begin{cases} x = (n+1)r\cos t - r\cos(n+1)t \\ y = (n+1)r\sin t - r\sin(n+1)t \end{cases} \quad (-\infty < t < +\infty)$$

由于这种特殊的外摆线在科学实验和生产实践中实用价值比较大,所以下面我们还要继续研究,现在先举几个例子.

(1)当 $n = 2$ 时,外摆线方程为

$$\begin{cases} x = 3r\cos t - r\cos 3t \\ y = 3r\sin t - r\sin 3t \end{cases}$$

这时,外摆线由 2 个歧点和 2 条拱形弧组成(图3).

(2)当 $n = 3$ 时,外摆线的方程为

$$\begin{cases} x = 4r\cos t - r\cos 4t \\ y = 4r\sin t - r\sin 4t \end{cases}$$

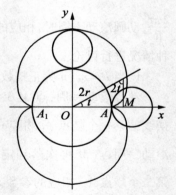

图3　有2个歧点的外摆线

这时,外摆线由 3 个歧点和 3 条拱形弧组成(图4).

76

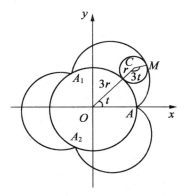

图 4　有 3 个歧点的外摆线

（3）当 $n = 4$ 时，外摆线的方程为
$$\begin{cases} x = 5r\cos t - r\cos 5t \\ y = 5r\sin t - r\sin 5t \end{cases}$$

这时，外摆线由 4 个歧点和 4 条拱形弧组成（图 5）.

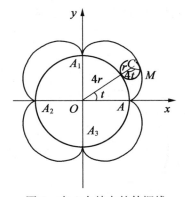

图 5　有 4 个歧点的外摆线

（4）当 $n = 5$ 时，外摆线的方程为
$$\begin{cases} x = 6r\cos t - r\cos 6t \\ y = 6r\sin t - r\sin 6t \end{cases}$$

这时，外摆线由 5 个歧点和 5 条拱形弧组成（图

77

6).

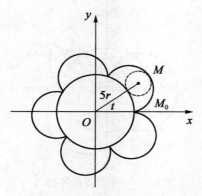

图 6　有 5 个歧点的外摆线

（5）当 $n=6$ 时，外摆线的方程为

$$\begin{cases} x = 7r\cos t - r\cos 7t \\ y = 7r\sin t - r\sin 7t \end{cases}$$

这时，外摆线由 6 个歧点和 6 条拱形弧组成（图 7）.

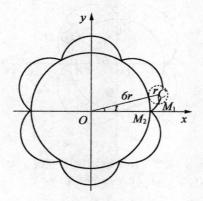

图 7　有 6 个歧点的外摆线

2. 当 $R = \dfrac{p}{q}r$（p,q 为互质的正整数）时（即 $\dfrac{p}{q}$ 为有

78

理数).

　　当动圆滚动一周,点 M 又落到定圆周上,得到外

摆线的第一个歧点 A_1,相应的参数 $t_1 = 1 \cdot \dfrac{2\pi q}{p}$.

　　当动圆滚动了 $k(k<p)$ 周时,得到外摆线的第 k

个歧点 A_k,相应的参数 $t_k = k \cdot \dfrac{2\pi q}{p}$.

　　当动圆滚了 p 周时,得到外摆线的第 p 个歧点,相

应的参数 $t_p = p \cdot \dfrac{2\pi q}{p} = 2\pi q$,这时歧点 A_p 与点 M 的

起始位置 A 重合. 如果动圆继续在定圆上滚下去,点 M

虽然继续又落到定圆周上,但它都相继与 $A_1, A_2, \cdots,$

$A_s, \cdots A_p$ 等歧点重合,那么点 M 便描出与原来曲线完

全重合的曲线.

　　这样看出当 $R = \dfrac{p}{q} r$ 时,外摆线有 p 个歧点,外摆

线是由 p 个完全相同的拱形弧组成的封闭曲线,但是

这时,外摆线绕着定圆转了 q 周并有 $p(q-1)$ 个自交

点.

　　这时外摆线的参数方程为

$$\begin{cases} x = (\dfrac{p}{q} + 1)r\cos t - r\cos(\dfrac{p}{q} + 1)t \\[2mm] y = (\dfrac{p}{q} + 1)r\sin t - r\sin(\dfrac{p}{q} + 1)t \end{cases} \quad (-\infty < t < +\infty)$$

　　例如:

　　(1)当 $R = \dfrac{1}{2} r$ 时,外摆线的参数方程为

$$\begin{cases} x = \dfrac{3}{2}r\cos\,t - r\cos\dfrac{3}{2}t \\ y = \dfrac{3}{2}r\sin\,t - r\sin\dfrac{3}{2}t \end{cases}$$

这时外摆线由 1 个歧点 A 和 1 个自交点 B 及 1 条拱形弧组成(图 8).

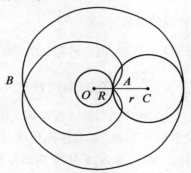

图 8　$R = \dfrac{1}{2}r$ 自交点摆线

(2)当 $R = \dfrac{3}{2}$ 时,外摆线的参数方程为

$$\begin{cases} x = \dfrac{5}{2}r\cos\,t - r\cos\dfrac{5}{2}t \\ y = \dfrac{5}{2}r\sin\,t - r\sin\dfrac{5}{2}t \end{cases}$$

这时外摆线有 3 个歧点 A, A_1, A_2 和 3 个自交点 B, B_1, B_2,外摆线由 3 条拱形弧组成(图 9).

(3)当 $R = \dfrac{5}{3}r$ 时,外摆线的参数方程为

$$\begin{cases} x = \dfrac{8}{3}r\cos\,t - r\cos\dfrac{8}{3}t \\ y = \dfrac{8}{3}r\sin\,t - r\sin\dfrac{8}{3}t \end{cases}$$

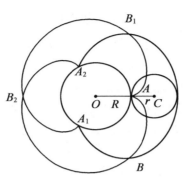

图 9　$R = \dfrac{3}{2}r$ 自交点摆线

这时外摆线有 5 个歧点 A_1, A_2, A_3, A_4, A_5，有 10 个自交点 $B_1, B_2, B_3, B_4, B_5, B_6, B_7, B_8, B_9, B_{10}$，外摆线由 5 条拱形弧组成 (图 10).

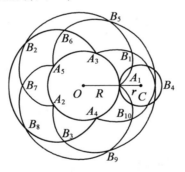

图 10　$R = \dfrac{5}{3}r$ 自交点外摆线

3. 当 $R = Kr$，即 $\dfrac{R}{r} = K$，K 为无理数时.

动圆无论在定圆上滚过多少周，点 M 永远不会回到起始位置点 A 处，也就是点 M 永远不会重复以前的老路. 这时外摆线有无限个歧点，外摆线是由无数条完

81

全相同的拱形弧组成的非封闭曲线.

例如,当 $R = \sqrt{2}\,r$ 时,外摆线的参数方程为

$$\begin{cases} x = (\sqrt{2}+1)r\cos t - r\cos(\sqrt{2}+1)t \\ y = (\sqrt{2}+1)r\sin t - r\sin(\sqrt{2}+1)t \end{cases} \quad (-\infty < t < +\infty)$$

这时外摆线有无穷个歧点 $A_1, A_2, A_3, \cdots$,有无穷多个自交点 $B_1, B_2, B_3, B_4, \cdots$(图 11).

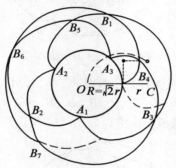

图 11　$R = \sqrt{2}\,r$ 的外摆线

§2　与外摆线有关的计算公式

一、外摆线的弧长

外摆线和普通摆线一样,也是由一个一个的拱形弧组成的,但是当定圆半径 R 是母圆半径 r 的正整数倍时,外摆线的拱形弧是有限的,拱形弧的个数就等于 R 是 r 的倍数.

尽管母圆在定圆上无限制地滚下去,但出现的外摆线拱形弧总是母圆在定圆上滚动第一圈时出现的拱形弧的重复.

所以当 $R = nr$ 时,要求外摆线的长,就要先求出一个拱形弧长就行了(因为每一条拱形弧的长都相等).

下面用积分的计算方法求一个拱形弧的长.

已知:$R = nr$,外摆线方程为

$$\begin{cases} x = (n+1)r\cos t - r\cos(n+1)t \\ y = (n+1)r\sin t - r\sin(n+1)t \end{cases} \quad (0 \leqslant t \leqslant \frac{2\pi}{n})$$

求:外摆线一个拱形弧 M_0MM_1 的长 l_1.

解　如图 12,建立坐标系.

因为 $R = nr$,又在初始位置的歧点 M_0 时,$t = 0$;在歧点 M_1 时,$t = \frac{2\pi}{n}$. 则

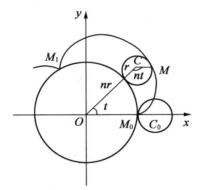

图 12

$$\frac{\mathrm{d}x}{\mathrm{d}t} = \frac{\mathrm{d}\left[(n+1)r\cos t - r\cos(n+1)t\right]}{\mathrm{d}t}$$

$$= -(n+1)r\sin t + (n+1)r\sin(n+1)t$$

$$= (n+1)r\left[\sin(n+1)t - \sin t\right]$$

$$\frac{\mathrm{d}y}{\mathrm{d}t} = \frac{\mathrm{d}\left[(n+1)r\sin t - r\sin(n+1)t\right]}{\mathrm{d}t}$$

$$= (n+1)r\cos t - (n+1)r\cos(n+1)t$$

摆线族

$$= (n+1)r[\cos t - \cos(n+1)t]$$

$$l_1 = \int_0^{\frac{2\pi}{n}} \sqrt{(\frac{dx}{dt})^2 + (\frac{dy}{dt})^2}\, dt$$

$$= \int_0^{\frac{2\pi}{n}} \sqrt{(n+1)^2 r^2[\sin(n+1)t - \sin t]^2 + (n+1)^2 r^2[\cos t - \cos(n+1)t]^2}\, dt$$

$$= (n+1)r \int_0^{\frac{2\pi}{n}} \sqrt{2 - 2[\cos(n+1)t \cdot \cos t + \sin(n+1)t \cdot \sin t]}\, dt$$

$$= (n+1)r \int_0^{\frac{2\pi}{n}} \sqrt{2(1 - \cos nt)}\, dt$$

$$= 2(n+1)r \int_0^{\frac{2\pi}{n}} \sin\frac{nt}{2}\, dt$$

$$= -\frac{4(n+1)r}{n} \cos\frac{nt}{2} \Big|_0^{\frac{2\pi}{n}}$$

$$= -\frac{4(n+1)r}{n}(\cos\pi - \cos 0)$$

$$= \frac{8(n+1)}{n}r$$

所以，当 $R = nr$ 时，外摆线的一个拱形弧的弧长计算公式为

$$l_1 = \frac{8(n+1)}{n}r$$

因此外摆线弧长的计算公式为

$$l = nl_1 = 8(n+1)r$$

其中 r 是母圆（动圆）半径，R 是定圆（基圆）半径.

二、求外摆线的面积

外摆线的一个拱形弧 M_0MM_1 所对应的基圆 O 上的一段弧 $\overset{\frown}{M_0NM_1}$ 叫作外摆线的底（图 13）.

外摆线的一个拱形弧 M_0MM_1 和它的底 $\overset{\frown}{M_0NM_1}$ 所围的面积称为外摆线一个拱形弧的面积，用 S_1 表示.

当 $R = nr$（n 为正整数）时，则对应的外摆线有 n 个拱形弧，这时外摆线是一个封闭图形，这个封闭图形的面积叫作外摆线的面积，用 S 表示（图 14），就是当 $n = 3$ 时外摆线的面积. 很显然，外摆线的面积等于 n 个拱形弧的面积加上基圆的面积，即，$S = nS_1 + S_{基圆}$.

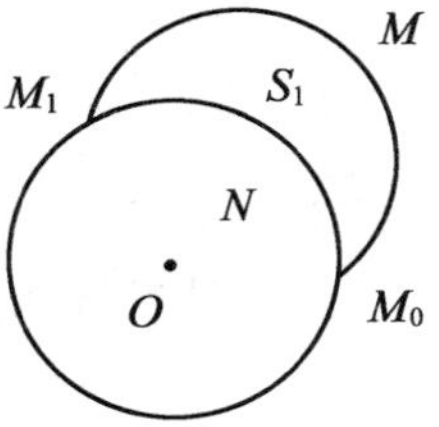

图 13

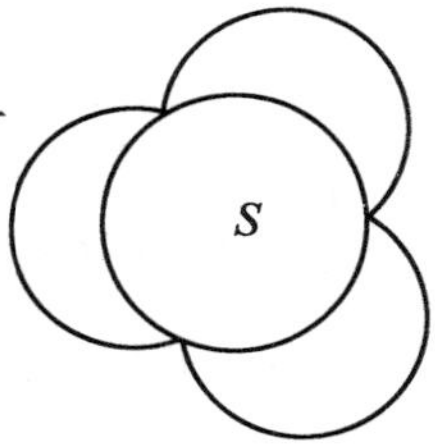

下面用微积分的方法推导出一个拱形弧的面积的计算公式.

已知：$R = nr$，外摆线方程为

$$\begin{cases} x = (n+1)r\cos t - r\cos(n+1)t \\ y = (n+1)r\sin t - r\sin(n+1)t \end{cases}$$

求：外摆线一个拱形弧 M_0MM_1 的面积 S_1.

图 14

解　如图 15，建立坐标系则

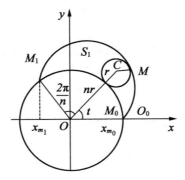

图 15

$$S_1 = \int_{x_{m_1}}^{x_{m_0}} y_1(t)\,\mathrm{d}x_1(t) - \int_{x_{m_1}}^{x_{m_0}} y_2(t)\,\mathrm{d}x_2(t)$$

摆线族

其中 $\begin{cases} x_1(t) \\ y_1(t) \end{cases}$ 就是外摆线 M_0MM_1 的方程, $\begin{cases} x_2(t) \\ y_2(t) \end{cases}$ 就是圆

弧 $\overset{\frown}{M_0M_1}$ 的方程.

因为外摆线 M_0MM_1 的参数方程为

$$\begin{cases} x_1 = (n+1)r\cos t - r\cos(n+1)t \\ y_1 = (n+1)r\sin t - r\sin(n+1)t \end{cases}$$

所以

$$\int_{x_{m_1}}^{x_{m_0}} y_1(t)\,\mathrm{d}x_1(t)$$

$$= \int_{\frac{2\pi}{n}}^{0} [(n+1)r\sin t - r\sin(n+1)t]\mathrm{d}[(n+1)r\cos t - r\cos(n+1)t]$$

$$= \int_{\frac{2\pi}{n}}^{0} r[(n+1)\sin t - \sin(n+1)t] \cdot (n+1)r \cdot [\sin(n+1)t - \sin t]\mathrm{d}t$$

$$= (n+1)r^2 \int_{\frac{2\pi}{n}}^{0} [(n+2)\sin t \cdot \sin(n+1)t - \sin^2(n+1)t - (n+1)\sin^2 t]\mathrm{d}t$$

$$= (n+1)(n+2)r^2 \int_{\frac{2\pi}{n}}^{0} \sin t\sin(n+1)t\mathrm{d}t - (n+1)r^2 \int_{\frac{2\pi}{n}}^{0} \sin^2(n+1)t\mathrm{d}t - (n+1)^2 r^2 \int_{\frac{2\pi}{n}}^{0} \sin^2 t\mathrm{d}t$$

$$= (n+1)(n+2)r^2 \left[-\frac{\sin(n+2)t}{2(n+2)} + \frac{\sin nt}{2n} \right]\Big|_{\frac{2\pi}{n}}^{0} - (n+1)r^2 \cdot \frac{1}{n+1}\left[\frac{1}{2}(n+1)t - \frac{1}{4}\sin 2(n+1)t \right]\Big|_{\frac{2\pi}{n}}^{0} - (n+1)^2 r^2 \cdot \left(\frac{1}{2}t - \frac{1}{4}\sin 2t \right)\Big|_{\frac{2\pi}{n}}^{0}$$

$$= (n+1)(n+2)r^2 \left[\frac{1}{2(n+2)}\sin\frac{4\pi}{n} \right] -$$

$$(n + 1) r^2 \left[-\frac{\pi}{n} + \frac{1}{4(n + 1)} \sin \frac{4\pi}{n} \right] -$$

$$(n + 1)^2 r^2 \cdot \left(-\frac{\pi}{n} + \frac{1}{4} \sin \frac{4\pi}{n} \right)$$

$$= \frac{(n + 1) r^2}{2} \sin \frac{4\pi}{n} + \frac{(n + 1) r^2 \pi}{n} - \frac{r^2}{4} \sin \frac{4\pi}{n} +$$

$$\frac{(n + 1)^2 r^2 \pi}{n} - \frac{(n + 1)^2 r^2}{4} \sin \frac{4\pi}{n}$$

$$= \left[\frac{2(n + 1) r^2}{4} - \frac{r^2}{4} - \frac{(n + 1)^2 r^2}{4} \right] \sin \frac{4\pi}{n} +$$

$$\frac{(n + 1) r^2 \pi}{n} + \frac{(n + 1)^2 r^2 \pi}{n}$$

$$= -\frac{n^2 r^2}{4} \sin \frac{4\pi}{n} + \frac{(n + 1)(n + 2) r^2 \pi}{n}$$

又因为对于圆弧 $\overset{\frown}{M_0 M_1}$ 有参数方程

$$\begin{cases} x_2(t) = nr\cos t \\ y_2(t) = nr\sin t \end{cases}$$

所以

$$\int_{\frac{2\pi}{n}}^{0} y_2(t) \, dx_2(t) = \int_{\frac{2\pi}{n}}^{0} nr\sin t \, dnr\cos t$$

$$= -n^2 r^2 \int_{\frac{2\pi}{n}}^{0} \sin^2 t \, dt$$

$$= -n^2 r^2 \left(\frac{1}{2} t - \frac{1}{4} \sin 2t \right) \Big|_{\frac{2\pi}{n}}^{0}$$

$$= n^2 r^2 \left(\frac{\pi}{n} - \frac{1}{4} \sin \frac{4\pi}{n} \right)$$

$$= n\pi r^2 - \frac{n^2 r^2}{4} \sin \frac{4\pi}{n}$$

故

$$S_1 = \int_{\frac{2\pi}{n}}^{0} y_1(t) \, dx_1(t) - \int_{\frac{2\pi}{n}}^{0} y_2(t) \, dx_2(t)$$

摆线族

$$= \left[-\frac{n^2 r^2}{4}\sin\frac{4\pi}{n} + \frac{(n+1)(n+2)r^2\pi}{n} \right] -$$

$$\left(n\pi r^2 - \frac{n^2 r^2}{4}\sin\frac{4\pi}{n} \right)$$

$$= -n\pi r^2 + \frac{(n+1)(n+2)r^2\pi}{n}$$

$$= \frac{-\pi n^2 r^2 + (n^2 + 3n + 2)\pi r^2}{n}$$

$$= \frac{(3n+2)\pi r^2}{n}$$

所以,当 $R = nr$ 时,外摆线一个拱形弧的面积计算公式为

$$S_1 = \frac{(3n+2)}{n}\pi r^2$$

因此外摆线的面积计算公式为

$$S = nS_1 + S_{基圆} = (3n+2)\pi r^2 + \pi n^2 r^2$$
$$= (n+1)(n+2)\pi r^2$$

其中 R 是基圆半径,r 是母圆半径.

下面把 $n = 2,3,4,5$ 时,一个拱形弧长 l_1,外摆线长 l,一个拱形弧的面积 S_1,外摆线的面积 S 列成表 1:

表 1

	外摆线			
	$n = 2$	$n = 3$	$n = 4$	$n = 5$
l_1	$12r$	$\frac{32}{3}r$	$10r$	$\frac{48}{5}r$
l	$24r$	$32r$	$40r$	$48r$

续表

	外摆线			
	$n=2$	$n=3$	$n=4$	$n=5$
S_1	$4\pi r^2$	$\dfrac{11}{3}\pi r^2$	$\dfrac{7}{2}\pi r^2$	$\dfrac{11}{5}\pi r^2$
S	$12\pi r^2$	$20\pi r^2$	$30\pi r^2$	$42\pi r^2$

注　在计算 l_1 和 S_1 的公式中 n 可以推广到有理数范围,实数范围.

§3　外摆线的切线和法线

和摆线一样,外摆线的切线和法线也具有一些重要的性质,下面我们就来研究这些问题.

一、外摆线的切线

已知外摆线的基圆半径为 R,母圆半径为 r,外摆线的参数方程为

$$\begin{cases} x = (R+r)\cos t - r\cos\dfrac{R+r}{r}t \\ y = (R+r)\sin t - r\sin\dfrac{R+r}{r}t \end{cases}$$

则外摆线上任意一点 M 的切线斜率为

$$K = \tan\alpha = \frac{\dfrac{\mathrm{d}y}{\mathrm{d}t}}{\dfrac{\mathrm{d}x}{\mathrm{d}t}}$$

$$= \frac{\mathrm{d}\left[(R+r)\sin t - r\sin\dfrac{R+r}{r}t\right]}{\mathrm{d}\left[(R+r)\cos t - r\cos\dfrac{R+r}{r}t\right]}$$

摆线族

$$= \frac{(R+r)\cos t - (R+r)\cos\dfrac{R+r}{r}t}{(R+r)\sin\dfrac{R+r}{r}t - (R+r)\sin t}$$

$$= \frac{\cos t - \cos\dfrac{R+r}{r}t}{\sin\dfrac{R+r}{r}t - \sin t}$$

$$= \frac{2\sin\dfrac{R+2r}{2r}t\sin\dfrac{R}{2r}t}{2\sin\dfrac{R}{2r}t\cos\dfrac{R+2r}{2r}}$$

$$= \tan\frac{R+2r}{2r}t$$

$$= \tan(t + \frac{R}{2r}t)$$

所以外摆线上任意一点 M 的切线斜率的计算公式为

$$K = \tan(1 + \frac{R}{2r})t \tag{4}$$

故切线的倾斜角的计算公式为

$$\alpha = t + \frac{R}{2r}t \tag{5}$$

在图 16 中,我们看到过点 M 的切线 PT,连 OO_1 交过点 M 的母圆 O_1 于 A 和 B 两点.

则 $\angle BOM_0 = t$,设 $\angle MO_1B = \varphi$.

因为 $\overset{\frown}{M_0B}$ 的长等于 $\overset{\frown}{MB}$ 的长,所以 $Rt = r\varphi$,$\varphi = \dfrac{R}{r}t$.

因为在 $\triangle AO_1M$ 中,$O_1A = O_1M = r$,所以 $\angle MAO = \dfrac{R}{2r}t$.

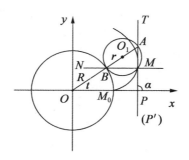

图 16　外摆线的切线和法线

设延长 AM 交 x 轴于 P'，则

$$\angle AP'x = \angle AOP' + \angle MAO = t + \frac{R}{2r}t \qquad (6)$$

由式（5）和式（6）知

$$\angle AP'x = \alpha = \angle MPx$$

所以点 P' 和点 P 重合，切线 PT 一定过母圆 O_1 的"最高点" A．

这就是外摆线切线的重要性质，即外摆线上任意一点 M 的切线 PT，必定通过点 M 相应母圆 O_1 的"最高点" A．

综上所述，外摆线切线 PT 的方程为

$$y - \left[(R+r)\sin t - r\sin \frac{R+r}{r}t \right]$$

$$= \tan\left(1 + \frac{R}{2r}\right)t\left\{ x - \left[(R+r)\cos t - r\cos \frac{R+r}{r}t \right] \right\}$$

二、外摆线的法线

设过点 M 的法线为 MN，因为 $MN \perp PT$，所以在圆 O_1 中，法线 MN 必定通过点 M 相应母圆 O_1 的"最低点" B．

这就是外摆线法线的重要性质，即外摆线上任意

一点 M 的法线 MN,必定通过点 M 相应母圆 O_1 的"最低点" B.

则法线 MN 的斜率为

$$K_{MN} = -\frac{1}{K_{PT}} = -\frac{1}{\tan\dfrac{R+2r}{2r}t} = -\cot\frac{R+2r}{2r}t$$

综上所述,外摆线法线 MN 的方程为

$$y - \left[(R+r)\sin t - r\sin\frac{R+r}{r}t \right]$$

$$= -\cot\left(1+\frac{R}{2r}\right)t\left\{ x - \left[(R+r)\cos t - r\cos\frac{R+r}{r}t \right] \right\}$$

三、外摆线的切线和法线的几何画法

从外摆线切线和法线的重要性质中,我们很容易画出过外摆线上某一定点 M 的切线和法线,其方法如下(图 17):

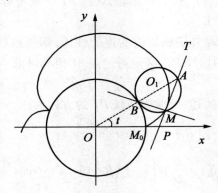

图 17　外摆线的切线和法线

(1)作通过点 M 的母圆 O_1;

(2)连 OO_1(O 为基圆的圆心)交母圆 O_1 于 A,B 两点;

(3)连 MA,MB.

则过 MA 的直线就是外摆线过点 M 的切线,过 MB 的直线就是过点 M 的法线.

§4　心脏线

心脏线实际上是外摆线的一种特殊情况. 由于心脏线具有一些重要的性质,又由于心脏线在生产实践中有重要的应用,因此我们把它单列一节来讲.

一、心脏线的定义

当母圆的半径 r 和基圆的半径 R 相等时的外摆线叫作心脏线(图 18).

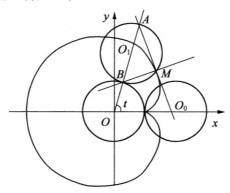

图 18　心脏线

心脏线也就是只有一个歧点的外摆线(即 $n = 1$).

二、心脏线的性质

借助于前面推导外摆线的方程公式以及切线和法线的性质,我们能很快得到心脏线相应的结论.

1. 心脏线的参数方程为

$$\begin{cases} x = 2r\cos t - r\cos 2t \\ y = 2r\sin t - r\sin 2t \end{cases}$$

2. 与心脏线有关的计算公式：心脏线的拱形弧长 l_1（等于心脏线长 l）和心脏线与圆之间所围的面积 S_1 以及心脏线所围的面积 S 的计算公式为（图19）

$$l = l_1 = 16r$$

$$S_1 = 5\pi r^2$$

$$S = 6\pi r^2$$

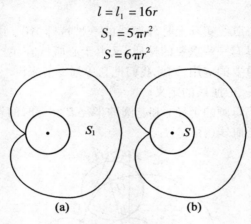

(a)   **(b)**

图19　心脏线的面积

3. 心脏线的切线和法线的性质：

（1）过心脏线上一点 M 的切线，必定通过点 M 母圆的"最高点".

（2）过心脏线上一点 M 的法线，必定通过点 M 母圆的"最低点".

4. 求心脏线绕着它的对称轴旋转所得的旋转体的体积（图20）.

已知：心脏线的参数方程为

$$\begin{cases} x = 2r\cos t - r\cos 2t \\ y = 2r\sin t - r\sin 2t \end{cases}$$

94

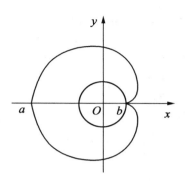

图 20

求:绕 x 轴旋转所得旋转体的体积 V.

解

$$V = \int_a^b \pi y^2 \mathrm{d}x$$

$$= \pi \int_\pi^0 r^2 (2\sin t - \sin 2t)^2 \mathrm{d}r(2\cos t - \cos 2t)$$

$$= 2\pi r^3 \int_\pi^0 (2\sin t - \sin 2t)^2 (\sin 2t - \sin t) \mathrm{d}t$$

$$= 2\pi r^3 \int_\pi^0 (16\sin^3 t\cos t - 20\sin^3 t\cos^2 t + \sin^3 2t - 4\sin^3 t) \mathrm{d}t$$

$$= 2\pi r^3 \Big[4\sin^4 t + 4\sin^2 t\cos^3 t + \frac{8}{3}\cos^3 t -$$

$$\frac{1}{6}\cos 2t(\sin^2 2t + 2) + \frac{4}{3}\cos t(\sin^2 t + 2) \Big] \Big|_\pi^0$$

$$= 2\pi r^3 \Big[\frac{8}{3} - \frac{1}{3} + \frac{8}{3} \Big] - 2\pi r^3 \Big[-\frac{8}{3} - \frac{1}{3} - \frac{8}{3} \Big]$$

$$= 10\pi r^3 + \frac{34}{3}\pi r^3$$

$$= \frac{64}{3}\pi r^3$$

所以心脏线绕着它的对称轴旋转所得的旋转体体积的计算公式为

$$V = \frac{64}{3}\pi r^3 \qquad (r \text{ 为母圆的半径})$$

三、心脏线的特性

把心脏线上的任意一点 M 和它的歧点 M_0 联结起来,如图 21 所示. 设 MM_0 和定圆交于点 K 和动圆交于点 B, 连 OO_1, OM_0, OK, O_1M, A 为动圆 O_1 与定圆 O 的切点.

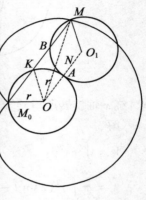

因为圆 O 与圆 O_1 的半径相等,所以 $OM_0 = O_1M = r$. 又因为 $\overset{\frown}{M_0KA} = \overset{\frown}{MBA}$, 所以 $\angle MO_1O = \angle M_0OO_1$. 则

$$\triangle O_1OM_0 \cong \triangle OO_1M$$

图 21

所以

$$OM = O_1M_0, \angle MO_1M_0 = \angle M_0OM$$

$$\triangle MO_1M_0 \cong \triangle M_0OM$$

$$\angle OM_0M = \angle O_1MM_0$$

$$\angle O_1MM_0 + \angle MO_1O = 180°$$

故 $$OO_1 /\!/ MM_0$$

同理可证, $OK /\!/ O_1M$.

所以四边形 OO_1MK 是平行四边形, $KM = OO_1 = 2r$.

因为点 M 是心脏线上的任意一点,所以心脏线上任意一点都有如下特性:歧点 M_0 和心脏线上任意一点 M 的连线(或连线的反向延长线)与基圆交于点 K,

96

则 *MK* 等于基圆的直径.

中学解析几何课本中可以把心脏线看成是这样的动点的轨迹,由圆上一定点引任意弦并延长(或反向延长),使延长的线段长度等于圆的直径,这时延长线外端点的轨迹是心脏线.

如图 22,设圆 *C* 的直径为 $2r$,圆上一定点为 *O*. 建立以 *O* 为极点,*Ox* 轴为极轴的极坐标系.

圆周上一动点 *Q*,连 *OQ* 并延长到点 *P*,作 $|PQ| = 2r$. 极轴与圆 *C* 的交点为 *A*,联结 *AQ*,设 $\angle AOP = \theta$,则 $|OQ| = 2r\cos\theta$.

设点 *P* 的极坐标为 (ρ, θ),根据点 *P* 的运动条件知,$|OP| = |OQ| + 2r$,即 $\rho = 2r\cos\theta + 2r = 2r(1 + \cos\theta)$. 这就是心脏线的极坐标方程. 这比它的参数方程简洁.

直角坐标系与极坐标系(还有别的坐标系)为什么能并存. 其因是为了简单,不同的问题采用不同的研究工具,只要方便简单就可以了. 数学是追求简洁美的科学.

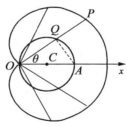

图 22

从这种观点来看心脏线,心脏线又是蚌线的一个特例,下面我们从蚌线这个系统来研究心脏线.

§5 蚌线

一、蚌线的概念

1. 蚌线的定义

设某一曲线和一个定点 O(这一点,我们把它叫作"极"),过点 O 引一束射线,并且在每一条射线上从它和已知曲线的交点向两边作等长的线段,这些线段末端的轨迹就是一种新的曲线,叫作原曲线关于已知极的蚌线.

2. 各种曲线的蚌线(图 23)

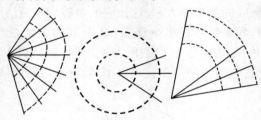

图 23 各种曲线的蚌线

尼科米兹(Nicomedes)蚌线——直线的蚌线(图24).

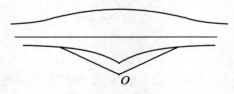

图 24 直线的蚌线

(1)定义

尼科米兹蚌线的定义是把蚌线定义中的已知曲线

改成已知直线就可以了,但我们也可以这样来定义:

　　从定点 O 引直线 OS 交定直线 l 于 Q,在 OS 上取一点 P,使 $|PQ| = b$(常数),当 OS 绕 O 旋转时,点 P 的这种轨迹称为尼科米兹蚌线(图 25).

　　(2)尼科米兹蚌线的极坐标方程

　　取 O 为极点,作 $OM \perp l$,垂足为 M,以射线 OM 为极轴 Ox(图 25).

　　设 $P(\rho, \theta)$ 为曲线上任一点,则

$|OP| = |OQ| \pm |QP|$

$\qquad = |OM| \sec \angle MOQ \pm |QP|$

　　由 $|OP| = \rho$, $\angle MOQ = |\theta|$

$(-\dfrac{\pi}{2} < \theta < \dfrac{\pi}{2})$ 及 $|PQ| = b$,并设 $|OM| = a$. 得

图 25

$$\rho = a \sec |\theta| \pm b$$

即
$$\rho = a \sec \theta \pm b$$

　　但是 $\rho = a \sec \theta - b$ 可以变形为 $\rho = -[a \sec(\theta + \pi) + b]$,也就是 $-\rho = a \sec(\theta + \pi) + b$,这说明如果 (ρ, θ) 在曲线 $\rho = a \sec \theta - b$ 上,那么,$(-\rho, \theta + \pi)$ 一定也在曲线 $\rho = a \sec \theta + b$ 上. 我们知道 (ρ, θ) 与 $(-\rho, \theta + \pi)$ 是表示极坐标平面上同一点,所以方程 $\rho = a \sec \theta - b$ 和 $\rho = a \sec \theta + b$ 表示的是同一条曲线,因此方程可以统一表示为

$$\rho = a \sec \theta + b$$

这就是尼科米兹蚌线的极坐标方程.

　　尼科米兹蚌线的直角坐标方程为

$$(x^2 + y^2)(x - a)^2 = b^2 x^2$$

图 26 是各种类型的直线的蚌线.

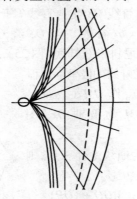

图 26

对于尼科米兹蚌线 $\rho = a\sec\theta + b$ 的图形的分类，如图 27(a)($a > b$)，图 27(b)($a = b$)，图 27(c)($a < b$)所示.

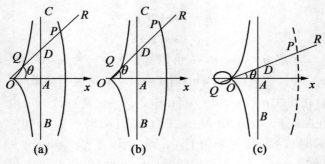

图 27

二、蜗牛线

1. 定义

蜗牛线的定义是只要把蚌线定义中的已知曲线换成已知圆就可以了，但我们也可以这样来下定义：

从圆周上定点 O 引直线 OS,交圆于 Q,在 OS 上取一点 P,使 $|PQ|$ 为一常数,当 OS 绕 O 旋转时,动点 P 的轨迹称为蜗牛线(图 28).

2. 蜗牛线的极坐标方程

取定点 O 为极点,设 OA 为定圆直径,以射线 OA 为极轴 Ox,建立极坐标系(图 28).

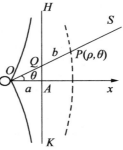

图 28

记定圆直径为 a,$|PQ|=b$,$(a>0,b>0)$,那么定圆的方程为 $\rho = a\cos\theta$.

设 $P(\rho,\theta)$ 为蜗牛线上任一点,相应的 Q 的坐标为 (ρ_1,θ),那么由于点 Q 在定圆上,所以它的坐标满足定圆方程,也就是

$$\rho_1 = a\cos\theta$$

因为 P 在 OQ 或其延长线上,所以 $\rho = \rho_1 \pm b$,因此点 P 的极坐标满足方程

$$\rho = a\cos\theta \pm b$$

但是,$\rho = a\cos\theta - b$ 可以变形为 $\rho = -[a\cos(\theta+\pi)+b]$,也就是 $-\rho = a\cos(\theta+\pi)+b$,这说明如果 (ρ,θ) 在曲线 $\rho = a\cos\theta - b$ 上,那么 $(-\rho,\theta+\pi)$ 也一定在曲线 $\rho = a\cos\theta + b$ 上. 我们知道 $(-\rho,\theta+\pi)$ 和 (ρ,θ) 表示的是极坐标平面上同一点,所以方程 $\rho = a\cos\theta - b$ 和 $\rho = a\cos\theta + b$ 表示的是同一条曲线,所以方程可以统一表示为

$$\rho = a\cos\theta + b$$

这就是蜗牛线的极坐标方程. 化成直角坐标方程为

$$(x^2 + y^2 - ax)^2 = b^2(x^2 + y^2)$$

3. 蜗牛线 $\rho = a\cos\theta + b$ 的分类

蜗牛线有三种情况:

(1) $a > b$ 时,称长心脏线(图29).如果从外摆线角度看,它又是当 $R = r$ 时的长外摆线.

(2) $a = b$ 时,称心脏线(图30).从外摆线角度看,就是当 $R = r$ 时的外摆线.

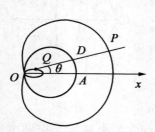

图29 长心脏线 $a > b$ 图30 心脏线 $a = b$

(3) $a < b$ 时,称为短心脏线(图31),从外摆线角度看,就是当 $R = r$ 时的短外摆线.

长心脏线和短心脏线又称帕斯卡(pascal)蚶线.

关于长外摆线和短外摆线的概念,我们将在下一节讲.

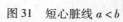

图31 短心脏线 $a < b$

从上面看出蜗牛线是蚌线的一种特殊情况,而心脏线又是蜗牛线的特殊情况.

4. 心脏线的极坐标方程为

$$\rho = a + a\cos\theta$$

5. 心脏线的画法

(1) 用描点画图法,画出 $\rho = a(1 + \cos\theta)$ 的图形.

解 θ 从 0 变到 $\dfrac{\pi}{2}$ 时,$\cos\theta$ 从 1 变到 0,$1 + \cos\theta$

从 2 变到 1，ρ 从 $2a$ 变到 a. 列成表 2 如下：

表 2

θ	0	$\dfrac{\pi}{6}$	$\dfrac{\pi}{4}$	$\dfrac{\pi}{3}$	$\dfrac{\pi}{2}$
ρ	$2a$	$1.87a$	$1.71a$	$1.5a$	a

同样，θ 从 $\dfrac{\pi}{2}$ 变到 π 时，ρ 从 a 变到 0. 列成表 3 如下：

表 3

θ	$\dfrac{\pi}{2}$	$\dfrac{2\pi}{2}$	$\dfrac{3}{4}\pi$	$\dfrac{5}{6}\pi$	π
ρ	a	$0.5a$	$0.29a$	$0.13a$	0

θ 从 π 变到 $\dfrac{3}{2}\pi$ 时，ρ 从 0 回到 a，θ 从 $\dfrac{3}{2}\pi$ 变到 2π 时，ρ 从 a 回到 $2a$，θ 继续变动，ρ 重复取得以前所取得的值. 取 $a=5$，画点描图（图 32）.

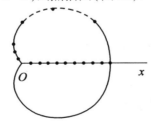

图 32　描点法画心脏线

（2）几何作图法，作出 $\rho=a(1+\cos\theta)$ 的曲线.

1）建点坐标系（图 33），以 $C\left(\dfrac{a}{2},0\right)$ 为圆心，以 $\dfrac{a}{2}$ 为半径画圆 C.

103

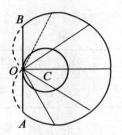

图33　用几何法画心脏线

2）过点 O 引一束射线（射线画的越多分布越均匀，作出的图形越精确）和圆相交. 在交点的两边各取线段等于圆 C 的直径 a.

3）这些线段的端点用平滑的曲线联结起来，就得到一条封闭曲线——心脏线.

§6　外摆线的分类

和摆线一样，对于外摆线的定义我们也分成三种情况来进行讨论，为了便于比较，我们把外摆线的定义复述如下：

在平面上一个动圆与一个定圆相外切，并做无滑动的滚动，则动圆周上一定点 P 的轨迹称为外摆线.

如果定点 P 不在圆周上，这时又分成两种情况：

（1）当定点 P 在圆周内，则当动圆滚动时，定点 P 的轨迹叫作短外摆线.

（2）当定点 P 在圆周外，则当动圆滚动时，定点 P 的轨迹叫作长外摆线.

这里点 P 应该在圆所在的平面内.

下面具体来研究一下短外摆线和长外摆线.

一、短外摆线

1. 短外摆线的定义

一动圆与一定圆相外切,并做无滑动的滚动,动圆周内某一定点的轨迹称为短外摆线. 这里定圆叫作基圆,动圆叫作母圆(图 34).

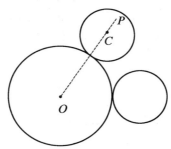

图 34　短外摆线

2. 短外摆线的参数方程

设基圆 O 的半径为 R,母圆 C 的半径为 r,P 为母圆周内的一定点,$CP = l(l < r)$,当母圆 C 在基圆 O 外,沿基圆 O 做无滑动的滚动时,求点 P 运动轨迹的参数方程.

解　设母圆的初始位置,圆心在 C_0,与基圆 O 切于点 M_0,在 OM_0 上一定点 P_0 为点 P 的初始位置.

(1)建立坐标系如图 35.

(2)设 $P(x,y)$ 为轨迹上任意一点,则圆 C 为点 P 相应的母圆,A 为圆 C 与圆 O 的切点,M 为相应的点 M_0.

过 P 作 $PB \perp x$ 轴,过 C 作 $CD \perp x$ 轴,并作 $PE \perp CD$.

(3)选取 $\angle AOM_0 = t$(公转角)为参数.

设 $\angle ACM = \varphi$(滚动角),$\angle PCE = \theta$(辅助角).

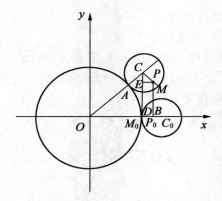

图 35　短外摆线

（4）推导方程，从图中看出

$$x = OB$$

$$= OD + BD = OD + PE$$

$$= (R + r)\cos t + CP\sin \theta$$

$$= (R + r)\cos t + l\sin \theta$$

因为 $t + 90° = \theta + 180° - \varphi$，所以

$$\theta = -[90° - (t + \varphi)]$$

又因为 $\overset{\frown}{AM_0}$ 的长等于 $\overset{\frown}{AM}$ 的长，所以

$$Rt = r\varphi, \varphi = \frac{R}{r}t$$

所以 $\theta = -[90° - (1 + \dfrac{R}{r})t]$. 故

$$x = (R + r)\cos t + l\sin\left\{-[90° - (1 + \frac{R}{r})t]\right\}$$

$$= (R + r)\cos t - l\cos(1 + \frac{R}{r})t$$

$$y = PB = ED = CD - CE$$

$$= (R + r)\sin t - l\cos \theta$$

106

$$= (R + r)\sin t - l\cos\left\{-\left[90° - (1 + \frac{R}{r})t\right]\right\}$$

$$= (R + r)\sin t - l\cos\left[90° - (1 + \frac{R}{r})t\right]$$

$$= (R + r)\sin t - l\sin(1 + \frac{R}{r})t$$

所以所求的短外摆线的参数方程为

$$\begin{cases} x = (R + r)\cos t - l\cos(1 + \dfrac{R}{r})t \\ y = (R + r)\sin t - l\sin(1 + \dfrac{R}{r})t \end{cases} \quad (l < r)$$

二、长外摆线

1. 长外摆线的定义

一动圆与一定圆相外切,并做无滑的滚动,动圆周外(和动圆在一个平面内)某一定点 P 的轨迹称为长外摆线(图 36).

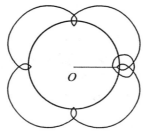

图 36　长外摆线

2. 长外摆线的参数方程

设基圆 O 的半径为 R,母圆 C 的半径为 r, P 为母圆周外的一定点, $CP = l(l > r)$,当母圆在基圆 O 外,沿基圆 O 做无滑动的滚动时,求点 P 轨迹的参数方程.

解　设母圆的初始位置圆心在 C_0,与基圆 O 切于点 M_0,在 OM_0 上一定点 P_0 为点 P 的初始位置(图 37).

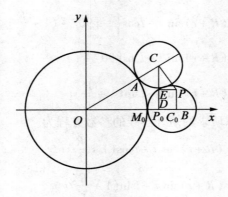

图 37

（1）建立坐标系如图 37.

（2）设 $P(x,y)$ 为轨迹上任意一点，则圆 C 为点 P 相应的母圆，A 为圆 C 与圆 O 的切点，M 为相应的点 M_0.

过 P 作 $PB \perp x$ 轴，过 C 作 $CD \perp x$ 轴，并作 $PE \perp CD$.

（3）选取 $\angle AOM_0 = t$（公转角）为参数.

设 $\angle ACM = \varphi$（滚动角），$\angle PCE = \theta$（辅助角）.

（4）推导方程，从图中看出

$$x = OB = OD + DB = OD + EP$$
$$= (R + r)\cos t + l\sin \theta \tag{7}$$
$$y = PB = CD - CE$$
$$= (R + r)\sin t - l\cos \theta \tag{8}$$

因为 $t + (\varphi - \theta) = 90°$，所以

$$\theta = -[90° - (t + \varphi)]$$

又因为 $\overset{\frown}{AM_0}$ 的长等于 $\overset{\frown}{AM}$ 的长，所以

$$Rt = r\varphi, \varphi = \frac{R}{r}t$$

则有

$$\theta = -\left[90° - (1 + \frac{R}{r})t\right] \tag{9}$$

将式(9)代入式(7)和式(8)得

$$x = (R + r)\cos t + l\sin\left\{-\left[90° - (1 + \frac{R}{r})t\right]\right\}$$

$$= (R + r)\cos t - l\cos(1 + \frac{R}{r})t$$

$$y = (R + r)\sin t - l\cos\left\{-\left[90° - (1 + \frac{R}{r})t\right]\right\}$$

$$= (R + r)\sin t - l\sin(1 + \frac{R}{r})t$$

所以所求的长外摆线的参数方程为

$$\begin{cases} x = (R + r)\cos t - l\cos(1 + \dfrac{R}{r})t \\ y = (R + r)\sin t - l\sin(1 + \dfrac{R}{r})t \end{cases} \quad (l > r)$$

三、外摆线的分类

从上面分析,我们看到外摆线、短外摆线和长外摆线,它们的关系非常密切,图像也差不多,我们就把这三种曲线归成一种类型叫作外摆线型曲线.

1. 外摆线型曲线的统一定义

平面上一个动圆沿着一个定圆外,并沿着这个定圆做无滑的滚动时,动圆所在平面上的一点 P 的轨迹叫作外摆线型曲线.

当点 P 在动圆周上,则点 P 的轨迹是普通外摆线;

当点 P 在动圆周内,则点 P 的轨迹是短外摆线;

当点 P 在动圆周外,则点 P 的轨迹是长外摆线.

2. 外摆线型曲线的统一方程

设动圆半径为 r,定圆半径为 R,动圆所在平面上

的定点 P 到动圆圆心的距离为 l. 和推导外摆线标准方程一样建立坐标系,则外摆线型曲线的参数方程为

$$\begin{cases} x = (R+r)\cos t - l\cos(1 + \dfrac{R}{r})t \\ y = (R+r)\sin t - l\sin(1 + \dfrac{R}{r})t \end{cases}$$

当 $l = r$ 时为普通外摆线;

当 $l < r$ 时为短外摆线;

当 $l > r$ 时为长外摆线.

§7　三等分任意一个角

公元前五世纪,希腊人提出了所谓三大尺规作图的难题,其中一个就是怎样三等分任意一个角,这是尺规作图不能解决的问题,用尺规的作图工具,是不能三等分任意一个角的. 1895 年,克莱因给出了三大难题不可能用尺规来作图的简单又明晰的证法,从而使两千多年来未能解决的问题告一段落.

尺规作图不能解决任意角的三等分问题,但要跳出尺规限制的圈子引进其他的作图工具来三等分任意一个角是完全能办到的. 前面我们介绍的蚌线、心脏线都是三等分任意角的理想的工具.

1. 利用尼科米兹蚌线三等分任意一个角.

蚌线是一种什么样的曲线? 不妨回顾一下,蚌线是这样的一种轨迹:

如图 38,有一定点 O 和一定直线,点 O 到 l 的距离 OM 的长记作 a,经过 O 的任意直线 l_0 与 l 交于点

Q,在直线 l_0 上,点 Q 的两侧分别取 P,P_1 两点,使 $|QP| = |QP_1| = b$,这两个动点 P,P_1 的轨迹就叫作蚌线.

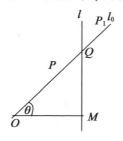

图 38

值得注意的是 a,b 两个定长值有 $a > b, a = b, a < b$ 三种不同情形,可得三种不同状态的蚌线,如图 39(a)($a > b$),图 39(b)($a = b$),图 39(c)($a < b$)所示.

怎样利用蚌线来三等分角呢?

如图 40,设 $\angle BAC$ 为任意一个角,现将其三等分,用角的一边 AB 为边,AC 为对角线作一个矩形 $ABCD$.

以 A 为定点,BC 为定直线 l,过 A 作直线与 BC 交于 Q,在此动直线上取一点 P,使 $PQ = 2AC$,那么点 P 的轨迹就是 $b > a$ 的蚌线,不过这里仅取它的右支(左支没有画出来).

延长 DC 与蚌线交于 F,连 AF,则 $\angle BAF = \dfrac{1}{3}\angle BAC$.

以上作图过程正确吗? 证明如下:

证明　设 $AF \cap BC = G$,且在 Rt$\triangle GCF$ 中,若 GF 的中点为 E,则 $EF = AC$,所以 $EF = CE = AC$,则有
$$\angle CAE = \angle CEA = \angle ECF + \angle EFC = 2\angle EFC$$

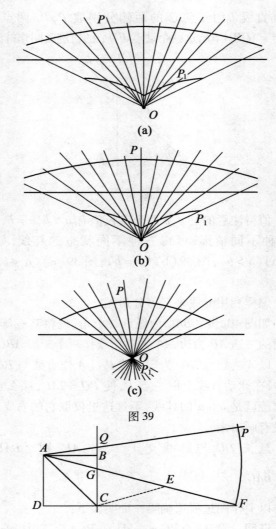

图 39

图 40

又 $AB \parallel DF$，所以 $\angle EFC = \angle BAF$，$\angle CAE = 2\angle BAF$. 而

112

$$\angle BAC = \angle BAF + \angle CAE = \angle BAF + 2\angle BAF = 3\angle BAF$$

所以 $\qquad\qquad \angle BAF = \dfrac{1}{3}\angle BAC$

2. 利用心脏线三等分任意一个角.

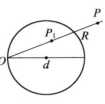

心脏线是这样的一种轨迹,如图 41 所示,圆上有一个定点 O,过 O 作圆的弦 OR,在 OR 和它的延长线上取两点 P 和 P_1,使 $|RP| =$

图 41

$|RP_1| = a$(a 为定长),当 OR 绕着点 O 移动时,则点 R 在圆上运动,那么 P,P_1 的轨迹就是心脏线. 很容易作出心脏线,但 a 与圆的直径 $2R$ 的大小不同,也有三种不动形态的心脏线,如图 42(a)($a > 2R$),图 42(b)($a = 2R$),图 42(c)($a < 2R$)所示.

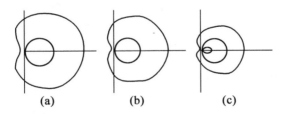

(a)　　　　　(b)　　　　　(c)

图 42

怎样利用心脏线三等分一个角呢?

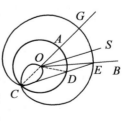

如图 43,设 $\angle AOB$ 为任意一个角,现将它三等分,取 OA 为半径,O 为圆心作圆,并延长 AO 交圆于 C,以 C 为定点,圆 O 的半径 R 为定长作一条心脏线.

图 43

113

心脏线和角的一另一边 OB 交于点 E,联结 CE,过 O 作 $OS /\!/ CE$,那么证:$\angle BOS = \dfrac{1}{3}\angle AOB$.

证明 设 CE 和定圆交于 D,连 OD,根据心脏线的性质知,$DE = OD = OC = R$,所以

$$\angle OCD = \angle ODC = \angle DOE + \angle DEO = 2\angle DEO$$

又 $OS /\!/ CE$,所以

$$\angle AOS = \angle OCD,\ \angle BOS = \angle DEO$$

则

$$\angle AOB = \angle OCD + \angle DEO = 2\angle DEO + \angle DEO$$
$$= 3\angle DEO = 3\angle BOS$$

所以 $\qquad \angle BOS = \dfrac{1}{3}\angle AOB$

以上我们介绍了利用两种摆线——蚌线和心脏线来三等分任意一个角. 当然方法还有好几种,如尚可利用等轴双曲线、玫瑰线、圆积线等三等分任意一个角.

3. 任意角的三等分的方法不少,最简单的是利用双曲线 $y = \dfrac{K}{x}(K \neq 0)$.

我们取 $K = 1$ 得 $y = \dfrac{1}{x}(x > 0)$,其图像如图 44 所示. 任意角 θ,使其一边与 x 正半轴重合,角顶点与原点重合,角的另一边与双曲线交于点 B. 以 B 为圆心 $2|OB|$ 为半径作弧,与双曲线交于 D. 以 BD 为对角线作矩形 $BCDE$,使 $BC /\!/ ED /\!/ x$ 轴,$BE /\!/ CD /\!/ y$ 轴,设 $BD \cap CE = F$. 联结 OC,则 $\angle COx = \dfrac{\theta}{3}$,为什么? 证明如下.

联结 OC, EC. 因为 $BC /\!/ ED$,故 $\angle CED = \angle BCE$.

又因为 $BC /\!/ x$ 轴, 故 $\angle BCE = \angle COx$. 于是 $\angle CED = \angle COx$. 所以, O, E, C 三点共线.

因为, $BF = \dfrac{1}{2} BD = OB$, 故在 $\triangle BOF$ 中 $\angle BOF = \angle BFO = 2 \angle BCO = 2 \angle COx$. 所以 $\angle B_1 OB = 3 \angle COx$, 即 $\angle COx = \dfrac{1}{3}\theta$, 故直线 OC 三等分 θ.

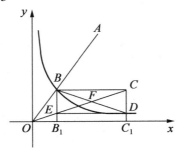

图 44

可继续思考, 若角 θ 为第二、三、四象限角时, 又怎样利用双曲线将此角三等分呢? (图 45) 读者不妨一试.

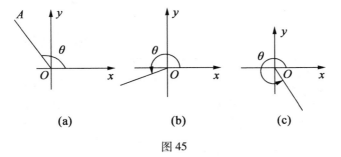

(a)   (b)   (c)

图 45

115

内摆线

第

3

章

§1 内摆线的概念

一、内摆线的定义

在平面上一动圆在与其内切的定圆内做无滑动的滚动时,动圆周上一个定点的运动轨迹称为内摆线.

定圆称为内摆线的基圆,动圆称为内摆线的母圆.

二、内摆线的参数方程

设基圆 O 的半径为 R,母圆 C 的半径为 r,P 为母圆圆周上的一定点,当母圆在基圆 O 内沿基圆 O 做无滑动的滚动时,求点 P 轨迹的参数方程.

解 设母圆的初始位置,圆心在 C_0,与基圆切于点 P_0,P_0 为点 P 的初始位置(图 1).

(1)建立坐标系如图 1.

(2)设 $P(x,y)$ 为轨迹上任意一点,则圆 C 为点 P 相应的母圆,A 为圆 C 与

圆 O 的切点.

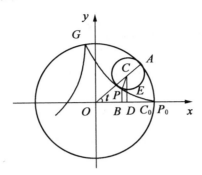

图 1

过 P 作 $PB \perp x$ 轴,过 C 作 $CD \perp x$ 轴,并作 $PE \perp CD$.

(3)选取 $\angle AOP_0 = t$(公转角)为参数.

设 $\angle ACP = \varphi$(滚动角), $\angle PCE = \theta$(辅助角).

(4)推导方程,从图中看出

$$x = OB = OD - BD = OD - PE$$
$$= (R - r)\cos t - r\sin\theta \qquad (1)$$
$$y = PB = CD - CE$$
$$= (R - r)\sin t - r\cos\theta \qquad (2)$$

因为 $\varphi - \theta = 90° + t$,所以 $\theta = -[90° + (t - \varphi)]$.

因为动圆是在定圆上做无滑动的滚动,所以 $\overset{\frown}{AP_0}$ 的长等于 $\overset{\frown}{AP}$ 的长. 即

$$Rt = r\varphi, \varphi = \frac{R}{r}t$$

所以

$$\theta = -\left[90° + \left(1 - \frac{R}{r}\right)t\right] \qquad (3)$$

将式(3)代入式(1)和式(2)得

117

摆线族

$$x = (R-r)\cos t - r\sin\left\{-\left[90° + \left(1 - \frac{R}{r}\right)t\right]\right\}$$

$$= (R-r)\cos t + r\cos\left(\frac{R}{r} - 1\right)t$$

$$y = (R-r)\sin t - r\cos\left\{-\left[90° + \left(1 - \frac{R}{r}\right)t\right]\right\}$$

$$= (R-r)\sin t - r\sin\left(\frac{R}{r} - 1\right)t$$

所以所求内摆线的参数方程为

$$\begin{cases} x = (R-r)\cos t + r\cos\left(\frac{R}{r} - 1\right)t \\ y = (R-r)\sin t - r\sin\left(\frac{R}{r} - 1\right)t \end{cases} \quad (-\infty < t < +\infty)$$

由图 1 知,当动圆滚动了一周,动圆上定点 P 又落到了定圆上点 G 的位置,这时 $\varphi = 2\pi$,相应的参数 $t = \frac{r}{R}\varphi = \frac{2\pi r}{R}$. 动圆滚动 n 周时,相应的参数 $t = \frac{2n\pi r}{R}$.

可以看出如果 $\frac{r}{R}$ 为有理数,即 $\frac{r}{R} = \frac{p}{q}$($p,q$ 为互质的正整数),那么当动圆滚动了 $n = q$ 周(这时 $t = 2\pi p$),点 P 又回到起始位置 P_0 处. 如果动圆继续在定圆上滚下去,那么点 P 便描出与原来曲线完全重合的曲线. 因此,在这种情况下,只要 t 在 $0 \leqslant t < 2p\pi$ 内变化,便可得到整个内摆线的图形.

如果 $\frac{r}{R}$ 为无理数(也就是 r,R 无公度),那么无论动圆滚过多少圈,点 P 永远不会回到起始位置点 P_0 处,也就是点 P 永远不会重复描出已经走过的路线.

三、常见的几种内摆线

如果动圆半径 r 是定圆半径 R 的 $\dfrac{1}{2}$，$\dfrac{1}{3}$，$\cdots$，$\dfrac{1}{n}$，那么得到的内摆线就具有两个，三个，以至 n 个歧点，即当 $R = nr$ 时，内摆线的参数方程为

$$\begin{cases} x = (n-1)r\cos t + r\cos(n-1)t \\ y = (n-1)r\sin t - r\sin(n-1)t \end{cases}$$

这时，内摆线由 n 个完全相同的拱形弧组成，有 n 个歧点.

下面来看几个特例：

（1）当 $n = 2$（即 $R = 2r$）时，内摆线方程为

$$\begin{cases} x = R\cos t \\ y = 0 \end{cases}$$

也就是 $y = 0$，$-R \leqslant x \leqslant R$，这是基圆的直径 AB（重复一次）（图 2）.

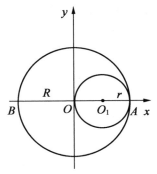

图 2

当动圆滚过定圆上半圆周时，动点 P 沿直径由 A 到 B，动圆继续滚过定圆下半圆周时，动点 P 沿直径由 B 到 A.

（2）当 $n = 3$（即 $R = 3r$）时，内摆方程为

$$\begin{cases} x = 2r\cos t + r\cos 2t \\ y = 2r\sin t - r\sin 2t \end{cases}$$

摆线族

称为三歧点内摆线(图3). 三歧点内摆线,有 3 个歧点,由 3 条拱形弧组成.

(3)当 $n=4$(即 $R=4r$)时,内摆线方程为

$$\begin{cases} x = 3r\cos t + r\cos 3t \\ y = 3r\sin t - r\sin 3t \end{cases}$$

可化成

$$\begin{cases} x = 4r\cos^3 t \\ y = 4r\sin^3 t \end{cases}$$

或写成

$$\begin{cases} x = R\cos^3 t \\ y = R\sin^3 t \end{cases}$$

化成普通方程为

$$x^{\frac{2}{3}} + y^{\frac{2}{3}} = R^{\frac{2}{3}}$$

称作四歧点内摆线,又称作星形线(图4),四歧点内摆线有 4 个歧点,由 4 条拱形弧组成.

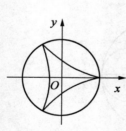

图 3 $R = 3r$

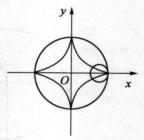

图 4 $R = 4r$

(4)当 $n=6$(即 $R=6r$)时,内摆线的参数方程为

$$\begin{cases} x = 5r\cos t + r\cos 5t \\ y = 5r\sin t - r\sin 5t \end{cases}$$

称作六歧点内摆线(图5),六歧点内

图 5 $R = 6r$

摆线有 6 个歧点,由 6 条拱形弧组成.

§2　与内摆线有关的计算公式

一、内摆线的弧长

如图 6 所示,求内摆线一个拱形弧的弧长 l_1.

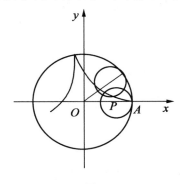

图 6

解

$$\frac{\mathrm{d}x}{\mathrm{d}t} = \frac{\mathrm{d}\left[(n-1)r\cos t + r\cos(n-1)t\right]}{\mathrm{d}t}$$

$$= -(n-1)r\sin t - (n-1)r\sin(n-1)t$$

$$= -(n-1)r\left[\sin(n-1)t + \sin t\right]$$

$$\frac{\mathrm{d}y}{\mathrm{d}t} = \frac{\mathrm{d}\left[(n-1)r\sin t - r\sin(n-1)t\right]}{\mathrm{d}t}$$

$$= (n-1)r\cos t - (n-1)r\cos(n-1)t$$

$$= (n-1)r\left[\cos t - \cos(n-1)t\right]$$

所以

$$l_1 = \int_0^{\frac{2\pi}{n}} \sqrt{\left(\frac{\mathrm{d}x}{\mathrm{d}t}\right)^2 + \left(\frac{\mathrm{d}y}{\mathrm{d}t}\right)^2}\,\mathrm{d}t$$

摆线族

$$= \int_0^{\frac{2\pi}{n}} \sqrt{\{-(n-1)r[\sin t + \sin(n-1)t]\}^2 + \{(n-1)r[\cos t - \cos(n-1)t]\}^2} \, \mathrm{d}t$$

$$= (n-1)r \int_0^{\frac{2\pi}{n}} \sqrt{\sin^2 t + 2\sin t \sin(n-1)t + \sin^2(n-1)t + \cos^2 t - 2\cos t \cos(n-1)t + \cos^2(n-1)t} \, \mathrm{d}t$$

$$= (n-1)r \int_0^{\frac{2\pi}{n}} \sqrt{2 - 2[\cos t \cos(n-1)t - \sin t \sin(n-1)t]} \, \mathrm{d}t$$

$$= (n-1)r \int_0^{\frac{2\pi}{n}} \sqrt{2 - 2\cos nt} \, \mathrm{d}t$$

$$= 2(n-1)r \int_0^{\frac{2\pi}{n}} \sin \frac{nt}{2} \, \mathrm{d}t$$

$$= -\frac{4(n-1)r}{n} \cos \frac{nt}{2} \Big|_0^{\frac{2\pi}{n}}$$

$$= -\frac{4(n-1)r}{n} (\cos \pi - \cos 0)$$

$$= \frac{8(n-1)}{n} r$$

所以内摆线一个拱形弧的弧长计算公式为

$$l_1 = \frac{8(n-1)}{n} r$$

设内摆线的弧长为 l, 则

$$l = nl_1 = n \frac{8(n-1)}{n} r = 8(n-1)r$$

所以当 $R = nr$ 时 (n 为正整数), 内摆线一个拱形弧的弧长 l_1 和弧长 l 的计算公式为

$$l_1 = \frac{8(n-1)}{n} r$$

$$l = 8(n-1)r$$

当 $R = \frac{q}{p}r$ 时 ($\frac{q}{p}$ 为有理数, p, q 为互质的正整数), 因为母圆滚动了 q 周 (这时 $t = 2p\pi$), 动点 P 又回

到起始位置点 P_0，如果动圆继续在定圆上滚下去，那么点 P 便描出与原来曲线完全重合的拱形弧. 所以这时内摆线的周期为 $2p\pi$，内摆线有 q 个歧点（ $t = 0$，$\dfrac{2p\pi}{q}$，$\dfrac{2 \cdot 2p\pi}{q}$，$\cdots$，$\dfrac{(q-1)2p\pi}{q}$），内摆线由 q 个拱形弧组成，而每一个拱形弧的参数方程为

$$\begin{cases} x = (\dfrac{q}{p} - 1)r\cos t + r\cos(\dfrac{q}{p} - 1)t \\ y = (\dfrac{q}{p} - 1)r\sin t - r\sin(\dfrac{q}{p} - 1)t \end{cases} \left(\begin{array}{l} \dfrac{(k-1) \cdot 2p\pi}{q} \leqslant t \leqslant \dfrac{k \cdot 2p\pi}{q} \\ k = 1, 2, \cdots, q \end{array} \right)$$

因为每一个拱形弧长都相等，所以不妨取 $k = 1$，利用积分来计算其每一个拱形弧的弧长 l_1. 则

$$\dfrac{\mathrm{d}x}{\mathrm{d}t} = \dfrac{\mathrm{d}\left[(\dfrac{q}{p} - 1)r\cos t + r\cos(\dfrac{q}{p} - 1)t \right]}{\mathrm{d}t}$$

$$= -(\dfrac{q}{p} - 1)r\sin t - (\dfrac{q}{p} - 1)r\sin(\dfrac{q}{p} - 1)t$$

$$= -(\dfrac{q}{p} - 1)r\left[\sin t + \sin(\dfrac{q}{p} - 1)t \right]$$

$$\dfrac{\mathrm{d}y}{\mathrm{d}t} = \dfrac{\mathrm{d}\left[(\dfrac{q}{p} - 1)r\sin t - r\sin(\dfrac{q}{p} - 1)t \right]}{\mathrm{d}t}$$

$$= (\dfrac{q}{p} - 1)r\cos t - (\dfrac{q}{p} - 1)r\cos(\dfrac{q}{p} - 1)t$$

$$= (\dfrac{q}{p} - 1)r\left[\cos t - \cos(\dfrac{q}{p} - 1)t \right]$$

所以

摆线族

$$l_1 = \int_0^{\frac{2p\pi}{q}} \sqrt{(\frac{\mathrm{d}x}{\mathrm{d}t})^2 + (\frac{\mathrm{d}y}{\mathrm{d}t})^2}\,\mathrm{d}t$$

$$= \int_0^{\frac{2p\pi}{q}} \sqrt{[-(\frac{q}{p}-1)]^2 r^2[\sin t + \sin(\frac{q}{p}-1)t]^2 + (\frac{q}{p}-1)^2 r^2[\cos t - \cos(\frac{q}{p}-1)t]}\,\mathrm{d}t$$

$$= (\frac{q}{p}-1)r\int_0^{\frac{2p\pi}{q}} \sqrt{2-2[\cos t\cos(\frac{q}{p}-1)t - \sin t\sin(\frac{q}{p}-1)t]}\,\mathrm{d}t$$

$$= (\frac{q}{p}-1)r\int_0^{\frac{2p\pi}{q}} \sqrt{2-2\cos\frac{q}{p}t}\,\mathrm{d}t$$

$$= 2(\frac{q}{p}-1)r\int_0^{\frac{2p\pi}{q}} \sin\frac{\frac{q}{p}-1}{2}t\,\mathrm{d}t$$

$$= \frac{-4(\frac{q}{p}-1)r}{\frac{q}{p}}(\cos\pi - \cos 0)$$

$$= \frac{8(\frac{q}{p}-1)}{\frac{q}{p}}r$$

如果令 $m = \dfrac{q}{p}$，则 $l_1 = \dfrac{8(m-1)}{m}r$. 而这时内摆线的弧长为

$$l = ql_1 = \frac{8q(m-1)}{m}r$$

下面来看两个例题.

例 1　当 $n = \dfrac{5}{2}$（即 $R = \dfrac{5}{2}r$）时, 内摆线的参数方程

124

为

$$\begin{cases} x = \dfrac{3}{2}r\cos t + r\cos\dfrac{3}{2}t \\ y = \dfrac{3}{2}r\sin t - r\sin\dfrac{3}{2}t \end{cases} \left(\begin{array}{c} \dfrac{4(k-1)n}{5} \leqslant t \leqslant \dfrac{4k\pi}{5} \\ k = 1,2,3,4,5 \end{array} \right)$$

这时,内摆线有 5 个歧点($t = 0, \dfrac{4\pi}{5}, \dfrac{8\pi}{5}, \dfrac{12\pi}{5}$,

$\dfrac{16\pi}{5}$),内摆线由 5 条拱形弧组成(图 7).

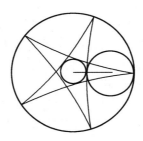

图 7　内摆线 $n = \dfrac{5}{2}$

例 2　当 $n = \dfrac{9}{2}$(即 $R = \dfrac{9}{2}$)时,内摆线的参数方程

为

$$\begin{cases} x = \dfrac{7}{2}r\cos t + r\cos\dfrac{7}{2}t \\ y = \dfrac{7}{2}r\sin t - r\sin\dfrac{7}{2}t \end{cases} \left(\begin{array}{c} \dfrac{4(k-1)\pi}{9} \leqslant t \leqslant \dfrac{4k\pi}{9} \\ k = 1,2,3,4,5,6,7,8,9 \end{array} \right)$$

这时,内摆线有 9 个歧点($t = 0, \dfrac{4\pi}{9}, \dfrac{8\pi}{9}, \dfrac{12\pi}{9}$,

$\dfrac{16\pi}{9}, \dfrac{20\pi}{9}, \dfrac{24\pi}{9}, \dfrac{28\pi}{9}, \dfrac{32\pi}{9}$),内摆线由 9 条拱形弧组成

(图 8).

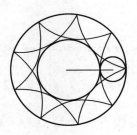

图 8　内摆线 $n = \dfrac{9}{2}$

当 $\dfrac{r}{R}$ 为无理数 k 时，则内摆线有无穷多个歧点，而且这些歧点无一重合，这时内摆线由无数个拱形弧组成，因此内摆线的长也是无穷大的.

二、内摆线的面积

对于内摆线的面积我们从下面两个方面来理解.

1. 内摆线的一个拱形弧 $\overparen{M_0MM_1}$ 所对应的基圆 O 上的一段弧 $\overparen{M_0NM_1}$ 叫作内摆线的底（图 9）.

定义：内摆线的一个拱形弧 $\overparen{M_0MM_1}$ 和它的底 $\overparen{M_0NM_1}$ 所围的面积叫作内摆线的一个拱形弧的面积，用 S_1 表示（图 9）.

2. 当 $R = nr$ 时（ n 为正整数），则对应的内摆线有 n 个拱形弧，这时内摆线是一个封闭图形，其面积叫作内摆线的面积，用 S 表示（图 10）.

下面我们用积分的方法来求当 $R = nr$ 时，内摆线的一个拱形弧的面积 S_1 和内摆线的面积 S.

已知：$R = nr$（ n 为正整数）时，内摆线的参数方程为

126

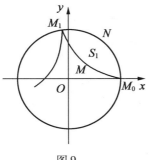

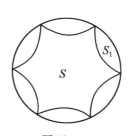

图 9   图 10

$$\begin{cases} x = (n-1)r\cos t + r\cos(n-1)t \\ y = (n-1)r\sin t - r\sin(n-1)t \end{cases}$$

我们取一个拱形弧,不妨取 $0 \leqslant t \leqslant \dfrac{2\pi}{n}$. 求:内摆线一个拱形弧 M_0MM_1 的面积 S_1 和内摆线的面积 S.

解 建立坐标系(图 11),(1)求一个拱形弧的面积

$$S_1 = \int_{x_{m_1}}^{x_{m_0}} y_1 \mathrm{d}x - \int_{x_{m_1}}^{x_{m_0}} y_2 \mathrm{d}x$$

图 11

y_1 就是圆弧 $\overparen{M_0MM_1}$ 的方程,

y_2 就是内摆线 M_0MM_1 的方程. 则

$$\int_{x_{m_1}}^{x_{m_0}} y_1 \mathrm{d}x = \int_{\frac{2\pi}{n}}^{0} R\sin t \, \mathrm{d}R\cos t$$

$$= \int_{\frac{2\pi}{n}}^{0} nr\sin t \, \mathrm{d}nr\cos t$$

$$= -n^2 r^2 \int_{\frac{2\pi}{n}}^{0} \sin^2 t \, \mathrm{d}t$$

127

摆线族

$$= -n^2r^2\left(\frac{1}{2}t - \frac{1}{4}\sin 2t\right)\Big|_{\frac{2\pi}{n}}^{0}$$

$$= n^2r^2\left(\frac{\pi}{n} - \frac{1}{4}\sin\frac{4\pi}{n}\right)$$

$$= n\pi r^2 - \frac{n^2r^2}{4}\sin\frac{4\pi}{n}$$

$$-\int_{x_{m_1}}^{x_{m_0}}y_2\,\mathrm{d}x = -\int_{\frac{2\pi}{n}}^{0}\left[(n-1)r\sin t + r\sin(n-1)t\right]\cdot$$

$$\mathrm{d}\left[(n-1)r\cos t + r\cos(n-1)t\right]$$

$$= -\int_{\frac{2\pi}{n}}^{0}\left[(n-1)r\sin t - r\sin(n-1)t\right]\cdot$$

$$\left[-(n-1)r\sin t - (n-1)r\sin(n-1)t\right]\mathrm{d}t$$

$$= (n-1)r^2\int_{\frac{2\pi}{n}}^{0}\left[(n-1)\sin t - \right.$$

$$\left.\sin(n-1)t\right]\left[\sin t + \sin(n-1)t\right]\mathrm{d}t$$

$$= (n-1)r^2\int_{\frac{2\pi}{n}}^{0}\left[(n-1)\sin^2 t + \right.$$

$$\left.(n-2)\sin t\sin(n-1)t - \sin^2(n-1)t\right]\mathrm{d}t$$

$$= (n-1)^2r^2\int_{\frac{2\pi}{n}}^{0}\sin^2 t\mathrm{d}t + (n-1)(n-2)r^2\cdot$$

$$\int_{\frac{2\pi}{n}}^{0}\sin t\sin(n-1)t\mathrm{d}t -$$

$$(n-1)r^2\int_{\frac{2\pi}{n}}^{0}\sin^2(n-1)t\mathrm{d}t$$

$$= (n-1)^2r^2\left(\frac{1}{2}t - \frac{1}{4}\sin 2t\right)\Big|_{\frac{2\pi}{n}}^{0} +$$

$$(n-1)(n-2)r^2\left[\frac{\sin(n-2)t}{2(n-2)} - \frac{\sin nt}{2n}\right]\Big|_{\frac{2\pi}{n}}^{0} -$$

$$(n-1)r^2\cdot\left\{\frac{1}{2(n-1)}\left[(n-1)t - \right.\right.$$

$$\left.\left.\sin(n-1)t\cos(n-1)t\right]\right\}\Big|_{\frac{2\pi}{n}}^{0}$$

128

$$= (n-1)^2 r^2 \left(-\frac{1}{2} \cdot \frac{2\pi}{n} + \frac{1}{4} \sin 2 \cdot \frac{2\pi}{n} \right) +$$

$$(n-1)(n-2)r^2 \left[-\frac{\sin(n-2) \cdot \dfrac{2\pi}{n}}{2(n-2)} + \right.$$

$$\left. \frac{\sin n \cdot \dfrac{2\pi}{n}}{2n} \right] - \frac{r^2}{2} \left[-(n-1) \cdot \frac{2\pi}{n} + \right.$$

$$\left. \sin(n-1)\frac{2\pi}{n}\cos(n-1)\frac{2\pi}{n} \right]$$

$$= -\frac{(n-1)^2 r^2 \pi}{n} + \frac{(n-1)^2 r^2}{4}\sin\frac{4\pi}{n} -$$

$$\frac{(n-1)r^2}{2}\sin\frac{2(n-2)\pi}{n} + \frac{(n-1)r^2\pi}{n} -$$

$$\frac{r^2}{2}\sin(n-1)\frac{2\pi}{n}\cos(n-1)\frac{2\pi}{n}$$

$$= -\frac{(n-1)^2 r^2 \pi}{n} + \frac{(n-1)r^2\pi}{n} +$$

$$\frac{(n-1)^2 r^2}{4}\sin\frac{4\pi}{n} + \frac{2(n-1)r^2}{4}\sin\frac{4\pi}{n} +$$

$$\frac{r^2}{2}\sin\frac{2\pi}{n}\cos\frac{2\pi}{n}$$

$$= -\frac{(n-1)^2 r^2 \pi - (n-1)r^2\pi}{n} +$$

$$\frac{(n^2 - 2n + 1 + 2n - 2 + 1)r^2}{4}\sin\frac{4\pi}{n}$$

$$= \frac{-n^2 + 2n - 1 + n - 1}{n}\pi r^2 + \frac{n^2 r^2}{4}\sin\frac{4\pi}{n}$$

$$= \frac{-n^2 + 3n - 2}{n}\pi r^2 + \frac{n^2 r^2}{4}\sin\frac{4\pi}{n}$$

所以

129

摆线族

$$S_1 = \int_{x_{m_1}}^{x_{m_0}} y_1 \, \mathrm{d}x - \int_{x_{m_1}}^{x_{m_0}} y_2 \, \mathrm{d}x$$

$$= n\pi r^2 - \frac{n^2 r^2}{4}\sin\frac{4\pi}{n} + \frac{-n^2 + 3n - 2}{n}\pi r^2 + \frac{n^2 r^2}{4}\sin\frac{4\pi}{n}$$

$$= \frac{3n - 2}{n}\pi r^2$$

（2）求内摆线的面积 S

$$S = S_{基圆} - nS_1 = \pi R^2 - n\frac{3n - 2}{n}\pi r^2$$

$$= \pi n^2 r^2 - (3n - 2)\pi r^2$$

$$= (n^2 - 3n + 2)\pi r^2$$

$$= (n - 1)(n - 2)\pi r^2$$

所以，当 $R = nr$ 时，一个拱形弧的面积 S_1 和整个内摆线所围的面积 S 的计算公式为

$$S_1 = \frac{3n - 2}{n}\pi r^2 \qquad\qquad （n \text{ 为大于 } 1 \text{ 的正整数}）$$

$$S = (n - 1)(n - 2)\pi r^2$$

其中 R 是基圆半径，r 为母圆半径.

§3　内摆线的切线和法线

一、内摆线的切线
假设母圆的半径为 r，基圆的半径为 R，内摆线 $M_0 M_1 M$ 的参数方程为

$$\begin{cases} x = (R - r)\cos t + r\cos\dfrac{R - r}{r}t \\ y = (R - r)\sin t - r\sin\dfrac{R - r}{r}t \end{cases} \quad (0 \leqslant t \leqslant \dfrac{2\pi}{\dfrac{R}{r}})$$

又设 $M_1(x_1, y_1)$ 为内摆线 $M_0 M_1 M$ 上某一定点，PT 是过点 M_1 的切线(图 12).

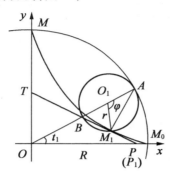

图 12

下面我们来研究内摆线切线的斜率、倾斜角、切线的重要性质和切线方程.

过内摆线 $M_0 M_1 M$ 上任意一点 $Q(x, y)$ 的切线的斜率为

$$K = \tan \alpha = \frac{\dfrac{\mathrm{d}y}{\mathrm{d}t}}{\dfrac{\mathrm{d}x}{\mathrm{d}t}}$$

$$= \frac{\dfrac{\mathrm{d}\left[(R-r)\sin t - r\sin \dfrac{R-r}{r}t\right]}{\mathrm{d}t}}{\dfrac{\mathrm{d}\left[(R-r)\cos t + r\cos \dfrac{R-r}{r}t\right]}{\mathrm{d}t}}$$

$$= \frac{(R-r)\cos t - (R-r)\cos(\dfrac{R}{r}-1)t}{-(R-r)\sin t - (R-r)\sin(\dfrac{R}{r}-1)t}$$

131

$$= \frac{\cos t - \cos(\frac{R}{r} - 1)t}{-[\sin t + \sin(\frac{R}{r} - 1)t]}$$

$$= \frac{-2\sin\frac{R}{2r}t\sin\frac{2r-R}{2r}t}{-2\sin\frac{R}{2r}t\cos\frac{2r-R}{2r}t}$$

$$= \tan(1 - \frac{R}{2r})t$$

$$= -\tan(\frac{R}{2r} - 1)t$$

所以切线的倾斜角 $\alpha = \pi - (\frac{R}{2r} - 1)t$.

从图 12 中我们看到, 过点 M_1 的切线 PT 的斜率为

$$K_{PT} = -\tan(\frac{R}{2r} - 1)t_1$$

PT 的倾斜角 $\angle xPT = \pi - (\frac{R}{2r} - 1)t_1$, 则

$$\angle M_1PO = (\frac{R}{2r} - 1)t_1$$

连 OO' 交过点 M_1 的母圆 O_1 于点 B, 母圆 O_1 与基圆 O 的切点 A 必在 OO_1 的延长线上, 则点 A 称为母圆 O_1 的"最低点", 点 B 称为母圆 O_1 的"最高点".

则 $\angle BOM_0 = t_1$, 设 $\angle M_1O_1A = \varphi$.

因为 $\overset{\frown}{M_0A}$ 的长等于 $\overset{\frown}{M_1A}$ 的长, 所以

$$Rt_1 = r\varphi, \varphi = \frac{R}{r}t_1$$

连 BM_1, 并延长交 x 轴于点 P_1.

因为 $\angle O_1 BP_1 = \dfrac{\varphi}{2} = \dfrac{R}{2r} t_1$，所以 $\angle O_1 BP_1 = t_1 + \angle M_1 P_1 O$，则

$$\begin{aligned}\angle M_1 P_1 O &= \angle O_1 BP_1 - t_1 \\ &= \dfrac{R}{2r} t_1 - t_1 \\ &= \left(\dfrac{R}{2r} - 1\right) t_1\end{aligned}$$

故　　　　　　　　$\angle M_1 P_1 O = \angle M_1 P O$

因此点 P_1 与点 P 重合.

这说明过点 M_1 的切线 PT 一定过点 B，这样就得到内摆线切线的重要性质：

过内摆线上任意一点 M_1 的切线 PT，必定通过与点 M_1 相应母圆 O_1 的"最高点" B.

过内摆线上任一点 M_1 的切线方程为

$$y - y_{M_1} = -\tan\left(\dfrac{R}{2r} - 1\right) t_1 (x - x_{M_1})$$

其中

$$x_{M_1} = (R - r)\cos t_1 + r\cos\left(\dfrac{R}{r} - 1\right) t_1$$

$$y_{M_1} = (R - r)\sin t_1 - r\sin\left(\dfrac{R}{r} - 1\right) t_1$$

二、内摆线的法线

设过点 M_1 的法线为 $M_1 N$（图 12）.

因为 $M_1 N \perp PT$，所以 $M_1 N$ 必定通过母圆 O_1 的"最低点" A.

这样就得到内摆线法线的重要性质：

过内摆线上任意一点 M_1 的法线 $M_1 N$，必定通过与点 M_1 相应母圆 O_1 的"最低点" A.

设法线 M_1N 的斜率为 K_{M_1N},则

$$K_{M_1N} = -\frac{1}{K_{PT}}$$

$$= -\frac{1}{-\tan(\frac{R}{2r}-1)t_1}$$

$$= \cot(\frac{R}{2r}-1)t_1$$

过内摆线上任意一点 M_1 的法线方程为

$$y - y_{M_1} = \cot(\frac{R}{2r}-1)t_1(x - x_{M_1})$$

其中

$$x_{M_1} = (R-r)\cos t_1 + r\cos(\frac{R}{r}-1)t_1$$

$$y_{M_1} = (R-r)\sin t_1 - r\sin(\frac{R}{r}-1)t_1$$

三、内摆线的切线和法线的几何画法

从内摆线的切线和法线的重要性质,我们能很容易地画出过内摆线上某一定点 M_1 的切线和法线,其方法如下(图13):

（1）作与点 M_1 相应的母圆 O_1,设母圆 O_1 与基圆 O 内切于点 A.

（2）连 OO_1 交圆 O_1 于点 B,并通过点 A.

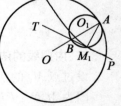

（3）连 M_1B,则通过 M_1B 的直线就是过内摆线上点 M_1 的切线.

图13

（4）连 M_1A,则通过 M_1A 的直线就是过内摆线上点 M_1 的法线.

§4 星形线

一、星形线的概念

因为星形线在很多数学书上的例题和习题中出现过,所以我们在这里作为内摆线的一个特例来加以系统地研究.

在内摆线的一般参数方程

$$\begin{cases} x = (R-r)\cos t + r\cos(\dfrac{R}{r}-1)t \\ y = (R-r)\sin t - r\sin(\dfrac{R}{r}-1)t \end{cases} \quad (-\infty < t < +\infty) \ (4)$$

中,当 $R = 4r$ 时,就是具有四个歧点的内摆线,我们把它叫作四歧点内摆线,又叫作星形线(图14).

二、星形线的方程

把 $R = 4r$ 代入方程(4)得

$$\begin{cases} x = 3r\cos t + r\cos 3t \\ y = 3r\sin t - r\sin 3t \end{cases} \quad (5)$$

从三角公式知

$$\cos 3t = 4\cos^3 t - 3\cos t$$

$$\sin 3t = 3\sin t - 4\sin^3 t$$

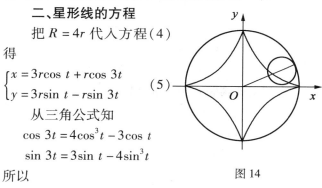

图 14

所以

$$3\cos t + \cos 3t = 4\cos^3 t$$

$$3\sin t - \sin 3t = 4\sin^3 t$$

代入式(5)得

摆线族

$$\begin{cases} x = 4r\cos^3 t \\ y = 4r\sin^3 t \end{cases} \tag{6}$$

消去参数 t，由式(6)得

$$\begin{cases} \cos t = \sqrt[3]{\dfrac{x}{4r}} \\ \sin t = \sqrt[3]{\dfrac{y}{4r}} \end{cases}$$

将此二式两边分别平方并相加，得

$$\sqrt[3]{\left(\dfrac{x}{4r}\right)^2} + \sqrt[3]{\left(\dfrac{y}{4r}\right)^2} = 1$$

化简得

$$x^{\frac{2}{3}} + y^{\frac{2}{3}} = (4r)^{\frac{2}{3}}$$

所以，星形线的参数方程为

$$\begin{cases} x = 4r\cos^3 t \\ y = 4r\sin^3 t \end{cases}$$

星形线的普通方程为

$$x^{\frac{2}{3}} + y^{\frac{2}{3}} = (4r)^{\frac{2}{3}}$$

三、星形线弧长和面积的计算

星形线由四条拱形弧组成，根据内摆线的弧长和面积计算公式得：

（1）每条拱形弧长为

$$l_1 = \frac{8(n-1)}{n}r$$

$$= \frac{8(4-1)}{4}r$$

$$= 6r$$

（2）星形线的全长为

$$l = 8(n-1)r$$
$$= 8(4-1)r$$
$$= 24r$$

（3）星形线一条拱形弧的面积为

$$S_1 = \frac{3n-2}{n}\pi r^2$$
$$= \frac{3\times 4-2}{4}\pi r^2$$
$$= 2.5\pi r^2$$

（4）星形线所围的面积为

$$S = (n-1)(n-2)\pi r^2$$
$$= (4-1)(4-2)\pi r^2$$
$$= 6\pi r^2$$

四、星形线的切线

如图 15 所示，星形线在点 M 的切线为 PT，像一切内摆线一样，切线 PT 必通过相应母圆 O_1 的"最高点" B，而点 A 为母圆 O_1 的"最低点".

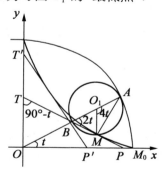

图 15　星形线的切线

如果 $\angle AOM_0 = t$，则 $\angle AO_1M = 4t$，$\angle O_1BM = 2t$，$\angle BPO = t$. 所以

$$BP = BO$$

同理可证,$BO = BT$.

又因为

$$BO = R - AB = R - \frac{R}{2} = \frac{R}{2}$$

所以

$$PT = PB + BT = 2BO = R$$

因此,星形线的切线夹在基圆互相垂直且通过歧点的两条半径中间的一段长等于基圆半径,跟点 M 的选择无关.

根据星形线切线的这个性质,我们又可把星形线看成是具有下列特性的点的轨迹.

例 1 矩形的两邻边在坐标轴上,并保持某对角线为定长 r 而变动,从矩形的一个不在坐标轴上的顶点作对角线的垂线,试求垂足 M 的轨迹(图 16).

解 设 $M(x,y)$ 为轨迹上任一点,取 $\angle CAO = t$ 为参数.

因为 $BM \perp AC$,$|AC| = r$,所以 A,B,C 三点的坐标为

$$A(r\cos t, 0)$$
$$B(r\cos t, r\sin t)$$
$$C(0, r\sin t)$$

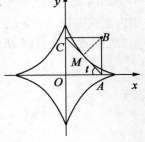

图 16

所以直线 AC 的方程为

$$y = -x\tan t + r\sin t \quad (7)$$

因为 $BM \perp AC$,所以直线 BM 的方程为

$$y - r\sin t = \cot t(x - r\cos t) \quad (8)$$

联立式(7)和式(8)解得

$$\begin{cases} x = r\cos^3 t \\ y = r\sin^3 t \end{cases} \quad (0 \leqslant t \leqslant 2\pi)$$

138

这就是所求轨迹的参数方程. 消去参数 t, 得

$$x^{\frac{2}{3}} + y^{\frac{2}{3}} = r^{\frac{2}{3}}$$

所以, 所求的轨迹方程为 $x^{\frac{2}{3}} + y^{\frac{2}{3}} = r^{\frac{2}{3}}$, 这个轨迹就是星形线.

五、星形线的旋转体

星形线绕着通过间隔着的两个歧点的直线旋转而得到的旋转面所围的体积叫作星形线旋转体(图 17).

下面用积分法求星形线旋转体的体积.

图 17　星形线旋转体

例 2　求星形线 $x^{\frac{2}{3}} + y^{\frac{2}{3}} = R^{\frac{2}{3}}$ 围成的图形绕 x 轴所产生的旋转体的体积 V(图 18).

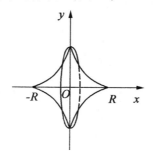

图 18

解　这里 $y = (R^{\frac{2}{3}} - x^{\frac{2}{3}})^{\frac{3}{2}}, y^2 = (R^{\frac{2}{3}} - x^{\frac{2}{3}})^3$.
所以

$$V = 2\pi \int_0^R (R^{\frac{2}{3}} - x^{\frac{2}{3}})^3 \mathrm{d}x$$

$$= 2\pi \int_0^R (R^2 - 3R^{\frac{4}{3}}x^{\frac{2}{3}} + 3R^{\frac{2}{3}}x^{\frac{4}{3}} - x^2) \mathrm{d}x$$

摆线族

$$= 2\pi(R^2 x - \frac{9}{5}R^{\frac{4}{3}}x^{\frac{5}{3}} + \frac{9}{7}R^{\frac{2}{3}}x^{\frac{7}{3}} - \frac{x^3}{3})\mid_0^R$$

$$= 2\pi(R^3 - \frac{9}{5}R^3 + \frac{9}{7}R^3 - \frac{1}{3}R^3)$$

$$= \frac{32}{105}\pi R^3$$

所以星形线旋转体体积的计算公式为

$$V = \frac{32}{105}\pi R^3 \quad (R \text{ 为基圆半径})$$

或 $$V = \frac{2\,048}{105}\pi r^3 \quad (r \text{ 为母圆半径})$$

下面用积分法求星形线旋转体的表面积.

例 3　求星形线 $\begin{cases} x = 4r\cos^3 t \\ y = 4r\sin^3 t \end{cases}$ $(0 \leqslant t \leqslant \pi)$ 围成的图

形绕 x 轴所产生的旋转体的表面积.

解

$$dS = \sqrt{x'^2 + y'^2}\,dt$$

$$= \sqrt{\left[(4r\cos^3 t)'\right]^2 + \left[(4r\sin^3 t)'\right]^2}\,dt$$

$$= \sqrt{(-12r\cos^2 t\sin t)^2 + (12r\sin^2 t\cos t)^2}\,dt$$

$$= 12r\sqrt{\cos^2 t\sin^2 t(\cos^2 t + \sin^2 t)}\,dt$$

$$= 12r\cos t\sin t\,dt$$

$$\frac{S_{Ox}}{2} = 2\pi\int_L y\,dS$$

$$= 2\pi\int_0^{\frac{\pi}{2}} 4r\sin^3 t \cdot 12r\cos t\sin t\,dt$$

$$= 2\pi\int_0^{\frac{\pi}{2}} 48r^2\sin^4 t\,d\sin t$$

$$= 96\pi r^2 \frac{\sin^5 t}{5}\mid_0^{\frac{\pi}{2}}$$

140

$$= \frac{96\pi r^2}{5}$$

所以 $S_{Ox} = \frac{192}{5}\pi r^2$.

因此星形线旋转体的表面积的计算公式为

$$S = \frac{192}{5}\pi r^2$$

§5　内摆线的分类

和摆线、外摆线一样,对于内摆线的定义我们也分成三种情况进行讨论. 先回忆一下内摆线的定义.

内摆线的定义:在平面上一动圆在与其内切的定圆做无滑动的滚动时,动圆周上一个定点 P 的运动轨迹称为内摆线.

如果定点 P 不在圆周上,这时又分成两种情况:

(1)当定点 P 在圆周内,则当动圆滚动时,定点 P 的轨迹叫作短内摆线.

(2)当定点 P 在圆周外,则当动圆滚动时,定点 P 的轨迹叫作长内摆线.

这里点 P 应该在动圆所在的平面内.

下面具体来研究一下短内摆线和长内摆线.

一、短内摆线

1. 短内摆线的定义

在平面上一动圆在与其内切的定圆内做无滑动的滚动时,动圆周内一个定点 P 的运动轨迹叫作短内摆线.

这里定圆叫作基圆,动圆叫作母圆(图 19).

图 19 短内摆线

2. 短内摆线的参数方程

设基圆 O 的半径为 R，母圆 C 的半径为 r，P 为母圆周内的一定点，$CP = l(l < r)$，当母圆 C 在基圆 O 内，沿基圆 O 做无滑动的滚动时，求点 P 轨迹的参数方程.

解 设母圆的初始位置，圆心在 C_0，与基圆 O 切于点 M_0，在 OM_0 上一定点 P_0 为点 P 的初始位置.

（1）建立坐标系如图 20.

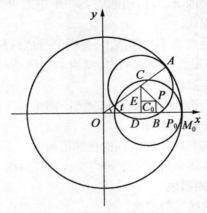

图 20

（2）设 $P(x, y)$ 为轨迹上任意一点，则圆 C 为点 P 相应的母圆，A 为圆 C 与圆 O 的切点，M 为相应的点 M_0.

过 P 作 $PB \perp x$ 轴,过 C 作 $CD \perp x$ 轴,并作 $PE \perp CD$.

（3）选取 $\angle AOM_0 = t$ 为参数.

设 $\angle ACM = \varphi$（滚动角）,$\angle PCE = \theta$（辅助角）.

（4）推导方程,从图中看出

$$x = OB = OD + DB = OD + EP$$
$$= (R - r)\cos t + l\sin \theta \tag{9}$$
$$y = PB = CD - CE = (R - r)\sin t - l\cos \theta \tag{10}$$

因为 $\varphi + \theta = 90° + t$,所以 $\theta = 90° - (\varphi - t)$.

又因为 $\overset{\frown}{AM_0}$ 的长等于 $\overset{\frown}{AM}$ 的长,所以

$$Rt = r\varphi , \varphi = \frac{R}{r}t$$

因此

$$\theta = 90° - (\frac{R}{r} - 1)t \tag{11}$$

将式（11）代入式（9）和式（10）,得

$$x = (R - r)\cos t + l\sin \left[90° - (\frac{R}{r} - 1)t\right]$$

$$= (R - r)\cos t + l\cos (\frac{R}{r} - 1)t$$

$$y = (R - r)\sin t - l\cos \left[90° - (\frac{R}{r} - 1)t\right]$$

$$= (R - r)\sin t - l\sin (\frac{R}{r} - 1)t$$

所以所求的短内摆线的参数方程为

$$\begin{cases} x = (R - r)\cos t + l\cos (\frac{R}{r} - 1)t \\ y = (R - r)\sin t - l\sin (\frac{R}{r} - 1)t \end{cases} \quad (l < r)$$

特别地，当 $R = 2r$ 时，短内摆线的方程为

$$\begin{cases} x = (r + l)\cos t \\ y = (r - l)\sin t \end{cases}$$

由此可以看出，这是一个以 $(r + l)$，$(r - l)$ 为长短轴的椭圆. 所以椭圆也可以看作是短内摆线的特例，其方程为 $\dfrac{x^2}{r + l} + \dfrac{y^2}{r - l} = 1$.

二、长内摆线

1. 长内摆线的定义

在平面上一动圆在与其内切的定圆内做无滑动的滚动时，动圆周外（和动圆在一个平面里）某一定点 P 的轨迹叫作长内摆线.

这里定圆称为基圆，动圆称为母圆（图 21）.

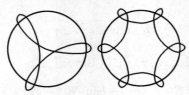

图 21　长内摆线

2. 长内摆线的参数方程

设基圆 O 的半径为 R，母圆 C 的半径为 r，P 为母圆圆外的一定点，$OP = l(l > r)$，当母圆 C 在基圆 O 内，沿基圆 O 做无滑动的滚动时，求点 P 轨迹的参数方程.

解　设母圆的初始位置，圆心在 C_0，与基圆 O 切于点 M_0，在 OM_0 的延长线上一定点 P_0 为点 P 的初始位置.

（1）建立坐标系如图 22.

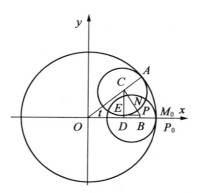

图 22

（2）设 $P(x,y)$ 为轨迹上任意一点，圆 C 为点 P 相应的母圆，A 为圆 C 与圆 O 的切点，M 为相应的点 M_0.

过 P 作 $PB \perp x$ 轴，过 C 作 $CD \perp x$ 轴，并作 $PE \perp CD$.

（3）选取 $\angle AOM_0 = t$ 为参数.

设 $\angle ACM = \varphi$（滚动角），$\angle PCE = \theta$（辅助角）.

（4）推导方程，从图中看出

$$x = OB = OD + DB = OD + EP$$
$$= (R-r)\cos t + l\sin \theta \tag{12}$$

$$y = PB = CD - CE = (R-r)\sin t - l\cos \theta \tag{13}$$

因为 $\varphi + \theta = 90° - t$，所以 $\theta = 90° - (\varphi - t)$.

又因为 $\overparen{AM_0}$ 的长等于 $\overparen{AM}$ 的长，所以 $Rt = r\varphi$，$\varphi = \dfrac{R}{r}t$.

因此

$$\theta = 90° - \left(\frac{R}{r} - 1\right)t \tag{14}$$

将式（14）代入式（12）和式（13），得

$$x = (R-r)\cos t + l\sin\left[90° - \left(\frac{R}{r} - 1\right)t\right]$$

145

$$= (R-r)\cos t + l\cos(\frac{R}{r}-1)t$$

$$y = (R-r)\sin t - l\cos\left[90° - (\frac{R}{r}-1)t\right]$$

$$= (R-r)\sin t - l\sin(\frac{R}{r}-1)t$$

所以所求长内摆线的参数方程为

$$\begin{cases} x = (R-r)\cos t + l\cos(\frac{R}{r}-1)t \\ y = (R-r)\sin t - l\sin(\frac{R}{r}-1)t \end{cases} \quad (l > r)$$

三、内摆线的分类

从上面的分析我们看到,内摆线、短内摆线和长内摆线,它们的关系也是非常密切,图像也差不多,我们就把这三种曲线归成一种类型,叫作内摆线型曲线.

1. 内摆线型曲线的统一定义

平面上一个动圆在与其内切的定圆内做无滑动的滚动时,动圆所在平面上一定点 P 的轨迹叫作内摆线型曲线.

（1）当点 P 在动圆周上,则点 P 的轨迹是普通内摆线.

（2）当点 P 在动圆周内,则点 P 的轨迹是短内摆线.

（3）当点 P 在动圆周外,则点 P 的轨迹是长内摆线.

2. 内摆线型曲线的统一方程

设动圆半径为 r,定圆半径为 R,动圆所在平面上的定点 P 到动圆圆心的距离为 l,和推导内摆线标准方程一样建立坐标系,则内摆线型曲线的参数方程为

$$\begin{cases} x = (R-r)\cos t + l\cos(\dfrac{R}{r} - 1)t \\ y = (R-r)\sin t - l\sin(\dfrac{R}{r} - 1)t \end{cases} \quad (-\infty < t < +\infty)$$

当 $l = r$ 时为普通内摆线；

当 $l < r$ 时为短内摆线；

当 $l > r$ 时为长内摆线.

摆线族

§1　迂回外摆线

一、迂回外摆线的定义

如果动圆在与其内切的定圆外做无滑动的滚动,那么动圆上定点的运动轨迹称为迂回外摆线.

二、迂回外摆线的方程

(1)建立坐标系如图1.

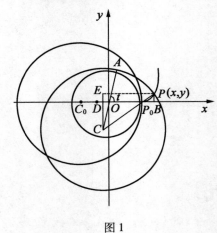

图1

148

取定圆圆心为原点 O,动圆上定点开始位置在两圆切点 P_0 处,以射线 OP_0 为 x 轴的正半轴,建立直角坐标系.

（2）设 $P(x,y)$ 为轨迹上任一点,设与点 P 相应的母圆圆心为 C,基圆 O 的半径为 R,母圆 C 的半径为 $r(R<r)$.

过 C 作 $CD\perp x$ 轴,过 P 作 $PB\perp x$ 轴,并作 $PE\perp CD$.

（3）选取 $\angle AOP_0 = t$（公转角）为参数.

设 $\angle ACP = \varphi$（滚动角）,$\angle PCE = \theta$（辅助角）.

（4）推导方程,从图上可看出

$$x = OB = DB - DO = EP - DO = r\sin\theta - OC\cos t$$
$$= r\sin\theta - (r-R)\cos t$$
$$= (R-r)\cos t + r\sin\theta \qquad (1)$$
$$y = PB = EC - DC = r\cos\theta - OC\sin t$$
$$= r\cos\theta - (r-R)\sin t$$
$$= (R-r)\sin t + r\cos\theta \qquad (2)$$

因为 $\theta - \varphi = 90° - t$,所以 $\theta = 90° - (t-\varphi)$.

又因为 $\overset{\frown}{AP_0}$ 的长等于 $\overset{\frown}{AP}$ 的长,即

$$Rt = r\varphi,\varphi = \frac{R}{r}t$$

因此

$$\theta = 90° - (1 - \frac{R}{r})t \qquad (3)$$

将式（3）代入式（1）和式（2）,得

$$x = (R-r)\cos t + r\sin[90° - (1 - \frac{R}{r})t]$$

$$= (R-r)\cos t + r\cos\frac{r-R}{r}t$$

摆线族

$$= (R - r)\cos t + r\cos \frac{R - r}{r}t$$

$$y = (R - r)\sin t + r\cos\left[90° - (1 - \frac{R}{r})t\right]$$

$$= (R - r)\sin t + r\sin \frac{r - R}{r}t$$

$$= (R - r)\sin t - r\sin \frac{R - r}{r}t$$

所以迂回外摆线的参数方程为

$$\begin{cases} x = (R-r)\cos t + r\cos \dfrac{R-r}{r}t \\ y = (R-r)\sin t - r\sin \dfrac{R-r}{r}t \end{cases} \quad (-\infty < t < +\infty) \quad (4)$$

我们看到,迂回外摆线的方程形式和内摆线完全一样,只是当方程中 $R > r$ 时表示内摆线,$R < r$ 时为迂回外摆线.

另一方面,对于迂回外摆线的方程我们可作如下的变形. 设 $r - R = r_1$, $R = R_1$, 那么 $r = R_1 + r_1$, 则

$$\frac{R - r}{r} = -\frac{r_1}{R_1 + r_1}$$

令 $\dfrac{R - r}{r}t = -\dfrac{r}{R_1 + r_1}t = -t_1$. 则

$$t = \frac{R_1 + r_1}{r_1}t_1$$

代入迂回外摆线的参数方程(4)得

$$\begin{cases} x = (R_1 + r_1)\cos t_1 + r_1\cos(1 + \dfrac{R_1}{r_1})t_1 \\ y = (R_1 + r_1)\sin t_1 - r_1\sin(1 + \dfrac{R_1}{r_1})t_1 \end{cases} \quad (5)$$

这个方程和前面讲的外摆线的方程是一样的.

所以迂回外摆线(4)可以化成是基圆半径为 $R_1 = R$, 母圆半径为 $r_1 = r - R$, 参数(公转角)$t_1 = -\dfrac{R-r}{r}t$ 的外摆线.

因此凡是迂回外摆线我们总能把它化成某种外摆线, 这样对于迂回外摆线问题我们都可把它归结到外摆线里去. 因此就不需要另立章节来进行研究了.

§2　摆线族

前面我们研究了摆线型曲线、外摆线型曲线和内摆线型曲线, 我们看到这些曲线之间除了各自都具有自己的特点外, 它们之间也有很多相似的地方, 彼此之间的联系也是相当密切的. 例如, 前面 3 章我们论述了它们的定义、方程性质、计算公式、切线和法线及其分类都非常的近似. 现在我们再从总的方面来看它们之间的联系和差别.

从这些曲线的产生上来看, 它们都可以看成: 在平面上一个动圆沿着一条曲线(直线或圆弧)做无滑动的滚动时, 动圆所在平面上一个定点的运动所形成的曲线.

1. 摆线型曲线与内、外摆线型曲线的本质区别是产生的基线不同.

当基线为直线时, 所产生的曲线是摆线型曲线;

当基线为圆弧时, 所产生的曲线是内、外摆线型曲线.

当然当基线是其他曲线时, 我们也可以把它定义成某种类型的摆线,这需要我们做深入的研究. 在第8章,我们将初步介绍一般曲线上产生的摆线.

2. 内摆线型曲线与外摆线型曲线的本质区别是母圆在基圆内和基圆外滚动.

当母圆在基圆内滚动时,所产生的曲线是内摆线型曲线.

当母圆在基圆外滚动时,所产生的曲线是外摆线型曲线.

3. 由于母圆所在平面上的定点所在位置不同,又把每种类型的摆线分成:

(1)定点在母圆内,则产生的是短(或内、或外)摆线.

(2)定点在母圆周上,则产生的是普通(或内、或外)摆线.

(3)定点在母圆外,则产生的是长(或内、或外)摆线.

根据上面的分析我们把摆线型曲线、外摆线型曲线和内摆线型曲线组成摆线族.

我们把摆线族列表如下:

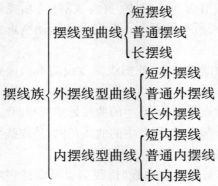

下面我们从图形上比较直观地看一看它们之间的区别与联系,如图 2 (a) (摆线型) ,图 2 (b) (内摆线型) ,图 2 (c) (外摆线型) 所示.

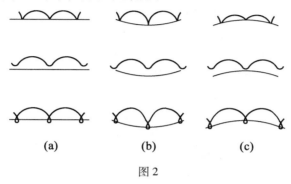

$$(a) \qquad (b) \qquad (c)$$

图 2

§3　摆线族方程

摆线族包括三种类型的曲线,这三种类型的曲线又各自都有参数方程,现在我们对这些方程做这样一些工作:第一,我们用新的观点和方法来推导方程;第二,我们把基线是圆的曲线统一为一个方程.

现在我们再来分析一下火车轮上一定点是怎样运动的. 当火车在笔直的铁轨上向前运动时,火车轮上一定点的运动可以看成这一点绕着轮轴转动和沿着直线向前运动的合运动.

所以摆线型曲线可以看成是母圆平面上一定点绕着母圆圆心做圆周运动,而母圆的圆心带着这个定点沿着直线运动所形成的(当然它们的速度和方向是相互依存的,这里不细谈).

　　而内、外摆线型曲线可以看成母圆平面上一定点绕母圆圆心做自转,而母圆圆心(当然包括母圆所在的平面)又绕着基圆圆心做公转.

　　根据上面的观点及平面解析几何中的坐标轴平移公式来推导各种类型摆线的参数方程.

一、摆线型曲线的参数方程

　　建立如图 3 所示的静坐标系 Oxy 和动坐标系 $O'x'y'$,x 轴与基线重合,y 轴通过曲线上的一个最低点 M_0,动坐标系 $O'x'y'$ 的原点 O' 与母圆圆心重合,x' 轴始终保持与 x 轴同向平行.

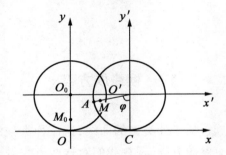

图 3

　　设点 M 在静坐标系和动坐标系下的坐标分别为 (x,y) 和 (x',y'),已知母圆半径为 r,动点 M 与动圆圆心 O' 的距离为 $|O'M| = |O_0M_0| = l$.

　　取 $\angle MO'C = \varphi$ 为参数(CO 为圆 O' 基线的切线),则由于点 M 相对于静坐标系 Oxy 的运动,是由点 M 和直线运动和相对于点 M_0 的圆的运动而成的. 故有

$$\begin{cases} x = x_0 + x' = OC + |O'M|\cos \overset{\frown}{x'O'M} \\ y = y_0 + y' = CO' + |O'M|\sin \overset{\frown}{x'O'M} \end{cases}$$

符号$\overset{\frown}{x'O'M}$表示$\angle x'O'M$.

根据条件，OC 的长等于$\overset{\frown}{AC}$的长等于 $r\varphi$，由关系式 $\angle x'O'M = \dfrac{3\pi}{2} - \varphi$ 得

$$\begin{cases} x = r\varphi - l\sin\varphi \\ y = r - l\cos\varphi \end{cases} \tag{6}$$

这就是摆线型曲线的参数方程.

用这种方法推导方程的优点是思路非常明确，图形简洁，不需要添置很多辅助线.

二、基线为圆的曲线的参数方程

动圆沿着一个定圆无滑动地滚动，动圆所在平面上一定点运动所形成的曲线，可分成三种情况来讨论.

定圆的圆心叫作曲线的中线，设定圆的半径为 R，动圆的半径 r，则：

（1）母圆在基圆内部而内切（$R > r$），这是内摆线型曲线.

（2）基圆在母圆内部而内切（$R < r$），这是迂回外摆线.

（3）母圆在基圆外部而外切，这是外摆型曲线.

所以要求它们的方程应分三种位置情况来考虑.

选取如图 4 中所示的静坐标系 Oxy 和始终与它保持平行的动坐标系 $O'x'y'$. 动坐标系的原点 O' 与母圆的圆心重合，随它一起运动. 设动点 M 在坐标系 Oxy 中的坐标为 (x, y)，射线 $O'M$（图 4，图 5 中为其反向延长线）与母圆交于点 A，点 O'，M，A 的初始位置 O_0，M_0，A_0 在 x 轴上，且 O_0 在 O 与 M_0 之间（因此 M_0 是曲线上到中心 O 距离最远的一点）.

则点 O' 在坐标系 Oxy 中的坐标为

摆线族

$$(|OO'|\cos\widehat{xOO'}, |OO'|\sin\widehat{xOO'})$$

点 M 在坐标系 $O'x'y'$ 中的坐标为

$$(|O'M|\cos\widehat{x'O'M}, |O'M|\sin\widehat{x'O'M})$$

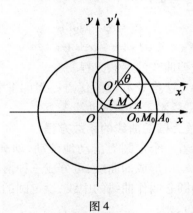

图 4

因此

$$\begin{cases} x = |OO'|\cos\widehat{xOO'} + |O'M|\cos\widehat{x'O'M} \\ y = |OO'|\sin\widehat{xOO'} + |O'M|\sin\widehat{x'O'M} \end{cases} \quad (7)$$

也就是说,点 M 相对于静坐标系的运动也可看成是点 O' 绕点 O 的公转运动和点 M 绕点 O' 的自转运动这样两个圆周运动的合运动.

取 $\angle xOO' = \angle A_0OC = t$ 为参数(C 为两圆的切点).

设 $\angle AO'C = \varphi$(滚动角),$|O'M| = l$(创成半径).

由条件知,$\widehat{A_0C}$ 的长等于 $\widehat{AC}$ 的长,即 $Rt = r\varphi$. 对于图 5 的情况有,$|OO'| = R - r$,$\angle x'O'M = t - \varphi = t - \dfrac{R}{r}t$,

代入式(7)得

156

$$\begin{cases} x = (R-r)\cos t + l\cos(1-\dfrac{R}{r})t \\ y = (R-r)\sin t + l\sin(1-\dfrac{R}{r})t \end{cases} \quad (\dfrac{R}{r}>1) \quad (8)$$

这就是内摆线型曲线的参数方程.

再完全类似地考虑图 5 的情况(迂回外摆线)有

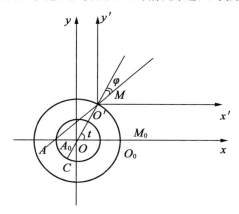

图 5

$$|OO'| = r - R, \ \angle x'O'M = t - \varphi = t - \dfrac{R}{r}t$$

代入式(7)得

$$\begin{cases} x = (r-R)\cos t + l\cos(1-\dfrac{R}{r})t \\ y = (r-R)\sin t + l\sin(1-\dfrac{R}{r})t \end{cases} \quad (0 < \dfrac{R}{r} < 1) \quad (9)$$

这就是迂回外摆线的参数方程.

对于图 6 的情况,有

$$|OO'| = R + r, \ \angle x'O'M = t + \varphi = t + \dfrac{R}{r}t$$

157

摆线族

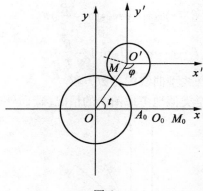

图 6

代入式(7)得

$$\begin{cases} x = (R+r)\cos t + l\cos(1+\dfrac{R}{r})t \\ y = (R+r)\sin t + l\sin(1+\dfrac{R}{r})t \end{cases} \quad (10)$$

这就是外摆线型曲线的参数方程.

上面我们利用静坐标系和动坐标系的观点推导出基线是圆的内摆线型曲线、迂回外摆线、外摆线型曲线的参数方程(8),(9),(10).

则我们可以把方程(8)~(10)表示成

$$\begin{cases} x = \theta\cos t + k\theta\cos(1-m)t \\ y = \theta\sin t + k\theta\sin(1-m)t \end{cases} \quad (11)$$

其中 $m = \pm\dfrac{R}{r}$, 对于图 4, 图 5, 图 6 的情况, m 分别为

$m > 1, 0 < m < 1, m < 0$, 即当此圆与基圆内切时 m 为正, 外切时 m 为负.

由迂回外摆线上任一点 $M(x,y)$ 到原点的距离

$$d = \sqrt{x^2 + y^2} = e\sqrt{1 + k^2 + 2k\cos mt}$$

158

是周期知,其周期为 $\dfrac{2\pi}{|m|}$,故当 t 每增加 $2\pi T$,即母圆圆心绕中心旋转一周时,动点 M 随之形成了 $|m| = \dfrac{R}{r}$ 段拱弧,因此我们称 m 为拱弧数. $e = r|1-m|$ 表示母圆圆心与基圆中心的距离,称为偏心距, $k = \dfrac{l}{e}$ 称为形状系数.

　　另外在方程(11)中,当 $m = -1$ 时,图形就是巴斯加蜗线($k = \dfrac{1}{2}$ 时是心脏线);当 $k = 1$ 时,就是玫瑰线;当 $m = 4$, $k = \dfrac{1}{3}$ 时就是星形线.

　　总结上面的情况可以看出摆线族曲线可分为两类,一类是基线为直线的曲线,其方程为

$$\begin{cases} x = r\varphi - l\sin\varphi \\ y = r - l\cos\varphi \end{cases}$$

另一类是基线为圆的曲线,其方程为

$$\begin{cases} x = e\cos t + ke\cos(1-m)t \\ y = e\sin t + ke\sin(1-m)t \end{cases}$$

摆线的渐屈线和渐伸线

§1 渐屈线的基本概念

对于渐屈线和渐伸线不是我们这本书研究的中心问题,因此我们只是把这方面的知识引来为我们研究摆线而服务.

凡是学过微积分的人都能了解到曲线的曲率、曲率半径、曲率中心等知识.在这里我们就认为读者已具备这些知识,如果有些读者不了解这些知识,可以找一本微积分学的书籍来学习一下有关概念.

一、渐屈线的定义

所给曲线的曲率中心的几何轨迹,称为该曲线的渐屈线.

二、渐屈线的方程

设 $M(x,y)$ 为曲线 l 上任意一点,在曲线 l 的渐屈线 l' 上有与点 M 对应的点 $C(x_1,y_1)$(图1),则渐屈线以 x 为参数的参数方程为

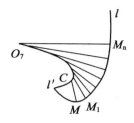

图 1

$$x_1 = x - \frac{\left[1 + (\dfrac{\mathrm{d}y}{\mathrm{d}x})^2 \right] \dfrac{\mathrm{d}y}{\mathrm{d}x}}{\dfrac{\mathrm{d}^2 y}{\mathrm{d}x^2}}$$

$$y_1 = y + \frac{1 + (\dfrac{\mathrm{d}y}{\mathrm{d}x})^2}{\dfrac{\mathrm{d}^2 y}{\mathrm{d}x^2}}$$

§2　摆线的渐屈线

下面求摆线

$$\begin{cases} x = a(t - \sin t) \\ y = a(1 - \cos t) \end{cases} \tag{1}$$

的渐屈线的参数方程.

解　因为

$$\frac{\mathrm{d}x}{\mathrm{d}t} = a(1 - \cos t) , \frac{\mathrm{d}y}{\mathrm{d}t} = a\sin t$$

$$\frac{\mathrm{d}^2 x}{\mathrm{d}t^2} = a\sin t , \frac{\mathrm{d}^2 y}{\mathrm{d}t^2} = a\cos t$$

161

摆线族

$$\frac{dy}{dx} = \frac{\dfrac{dy}{dt}}{\dfrac{dx}{dt}} = \frac{a\sin t}{a(1-\cos t)} = \frac{\sin t}{1-\cos t}$$

$$\frac{d^2y}{dx^2} = \frac{\dfrac{dx}{dt} \cdot \dfrac{d^2y}{dt^2} - \dfrac{dy}{dt} \cdot \dfrac{d^2x}{dt^2}}{\left(\dfrac{dx}{dt}\right)^3}$$

$$= \frac{a(1-\cos t)a\cos t - a\sin t \cdot a\sin t}{[a(1-\cos t)]^3}$$

$$= \frac{a^2\cos t - a^2\cos^2 t - a^2\sin^2 t}{a^3(1-\cos t)^3}$$

$$= -\frac{1}{a(1-\cos t)^2}$$

所以

$$x_1 = x - \frac{\left[1 + \left(\dfrac{dy}{dx}\right)^2\right]\dfrac{dy}{dx}}{\dfrac{d^2y}{dx^2}}$$

$$= at - a\sin t - \frac{\left[1 + \dfrac{\sin^2 t}{(1-\cos t)^2}\right]\dfrac{\sin t}{1-\cos t}}{-\dfrac{1}{a(1-\cos t)^2}}$$

$$= at - a\sin t + \frac{\dfrac{2}{1-\cos t} \cdot \dfrac{\sin t}{1-\cos t}}{\dfrac{1}{a(1-\cos t)^2}}$$

$$= at - a\sin t + 2a\sin t$$

$$= a(t + \sin t)$$

$$y_1 = y + \frac{1 + (\frac{dy}{dx})^2}{\frac{d^2 y}{dx^2}}$$

$$= a - a\cos t + \frac{1 + \frac{\sin^2 t}{(1 - \cos t)^2}}{-\frac{1}{a(1 - \cos t)^2}}$$

$$= a - a\cos t - \frac{\frac{2}{1 - \cos t}}{\frac{1}{a(1 - \cos t)^2}}$$

$$= a - a\cos t - 2a + 2a\cos t$$

$$= -a(1 - \cos t)$$

所以摆线 $\begin{cases} x = a(t - \sin t) \\ y = a(1 - \cos t) \end{cases}$ 的渐屈线的参数方程为

$$\begin{cases} x_1 = a(t + \sin t) \\ y_1 = -a(1 - \cos t) \end{cases} \qquad (2)$$

将方程(2)变换到新的坐标系 $x'Oy'$ 中,利用变换公式

$$x_1 = x_2 - \pi a, y_1 = y_2 - 2a, t = t_2 - \pi$$

则渐屈线方程(2)就简化为

$$\begin{cases} x_2 = a(t_2 - \sin t_2) \\ y_2 = a(1 - \cos t_2) \end{cases} \qquad (3)$$

式(3)和式(1)的形式完全一样,所以一条摆线的渐屈线仍为摆线,其母圆半径等于原来的摆线的母圆半径. 图 2 中摆线 O_1OC_5 是摆线 M_6O 和 OM_5 的渐屈线.

这就是著名的惠更斯定理:摆线的渐屈线仍是同样的摆线,只不过移动了一定的位置.

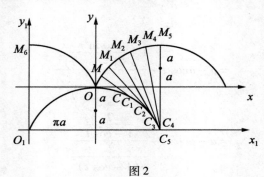

图 2

§3 外摆线的渐屈线

我们讨论的外摆线是当 $R = nr$ 时(R 为基圆半径,r 为母圆半径,n 为正整数)的外摆线.

已知外摆线的参数方程为

$$\begin{cases} x = (n+1)r\cos t - r\cos(n+1)t \\ y = (n+1)r\sin t - r\sin(n+1)t \end{cases} \quad (4)$$

求其渐屈线方程.

解 因为

$$\frac{\mathrm{d}x}{\mathrm{d}t} = (n+1)r[\sin(n+1)t - \sin t]$$

$$\frac{\mathrm{d}^2 x}{\mathrm{d}t^2} = (n+1)r[(n+1)\cos(n+1)t - \cos t]$$

$$\frac{\mathrm{d}y}{\mathrm{d}t} = (n+1)r[\cos t - \cos(n+1)t]$$

164

$$\frac{\mathrm{d}^2 y}{\mathrm{d}t^2} = (n+1)r[(n+1)\sin(n+1)t - \sin t]$$

$$\frac{\mathrm{d}x}{\mathrm{d}t} \cdot \frac{\mathrm{d}^2 y}{\mathrm{d}t^2} = (n+1)^2 r^2[\sin(n+1)t - \sin t] \cdot$$
$$[(n+1)\sin(n+1)t - \sin t]$$
$$= (n+1)^2 r^2[(n+1)\sin^2(n+1)t -$$
$$(n+2)\sin t\sin(n+1)t + \sin^2 t]$$

$$\frac{\mathrm{d}y}{\mathrm{d}t} \cdot \frac{\mathrm{d}^2 x}{\mathrm{d}t^2} = (n+1)^2 r^2[\cos t - \cos(n+1)t] \cdot$$
$$[(n+1)\cos(n+1)t - \cos t]$$
$$= (n+1)^2 r^2[-(n+1)\cos^2(n+1)t +$$
$$(n+2)\cos t\cos(n+1)t - \cos^2 t]$$

$$\frac{\mathrm{d}^2 y}{\mathrm{d}x^2} = \frac{\dfrac{\mathrm{d}x}{\mathrm{d}t} \cdot \dfrac{\mathrm{d}^2 y}{\mathrm{d}t^2} - \dfrac{\mathrm{d}y}{\mathrm{d}t} \cdot \dfrac{\mathrm{d}^2 x}{\mathrm{d}t^2}}{\left(\dfrac{\mathrm{d}x}{\mathrm{d}t}\right)^3}$$

$$= \frac{(n+1)^2 r^2\{(n+1) - (n+2)[\sin t\sin(n+1)t + \cos t\cos(n+1)t] + 1\}}{(n+1)^3 r^3[\sin(n+1)t - \sin t]^3}$$

$$= \frac{(n+1)^2(n+2)r^2(1 - \cos nt)}{(n+1)^3 r^3[\sin(n+1)t - \sin t]^3}$$

$$= \frac{2(n+2)\sin^2\dfrac{nt}{2}}{8(n+1)r\cos^3\dfrac{n+2}{2}t\sin^3\dfrac{nt}{2}}$$

$$= \frac{n+2}{4(n+1)r\cos^3\dfrac{n+2}{2}t\sin\dfrac{nt}{2}}$$

$$\frac{\mathrm{d}y}{\mathrm{d}x} = \frac{\dfrac{\mathrm{d}y}{\mathrm{d}t}}{\dfrac{\mathrm{d}x}{\mathrm{d}t}} = \frac{(n+1)r[\cos t - \cos(n+1)t]}{(n+1)r[\sin(n+1)t - \sin t]}$$

165

摆线族

$$= \frac{-2\sin\frac{n+2}{2}t\sin(-\frac{nt}{2})}{2\cos\frac{n+2}{2}t\sin\frac{nt}{2}}$$

$$= \tan\frac{n+2}{2}t$$

所以

$$x_1 = x - \frac{\left[1+(\frac{\mathrm{d}y}{\mathrm{d}x})^2\right]\frac{\mathrm{d}y}{\mathrm{d}x}}{\frac{\mathrm{d}^2y}{\mathrm{d}x^2}}$$

$$= x - \frac{\left[1+\tan^2\frac{n+2}{2}t\right]\cdot\tan\frac{n+2}{2}t}{\dfrac{n+2}{4(n+1)r\cos^3\frac{n+2}{2}t\sin\frac{nt}{2}}}$$

$$= x - \frac{1}{\cos^2\frac{n+2}{2}t}\cdot\frac{\sin\frac{n+2}{2}t}{\cos\frac{n+2}{2}t}\cdot$$

$$\frac{4(n+1)r\cos^3\frac{n+2}{2}t\sin\frac{nt}{2}}{n+2}$$

$$= x - \frac{2(n+1)r\cdot 2\sin\frac{n+2}{2}t\sin\frac{nt}{2}}{n+2}$$

$$= (n+1)r\cos t - r\cos(n+1)t +$$

$$\frac{2(n+1)r\left[\cos(n+1)t - \cos t\right]}{n+2}$$

$$= (n+1)r\cos t - \frac{2(n+1)r}{n+2}\cos t -$$

$$r\cos(n+1)t + \frac{2(n+1)}{n+2}r\cos(n+1)t$$

166

$$= \frac{(n+1)(n+2) - 2(n+1)}{n+2} r\cos t -$$

$$[1 - \frac{2(n+1)}{n+2}] r\cos(n+1)t$$

$$= \frac{n}{n+2}(n+1) r\cos t + \frac{n}{n+2} r\cos(n+1)t$$

$$= \frac{n}{n+2}[(n+1)r\cos t + r\cos(n+1)t]$$

$$y_1 = y + \frac{1 + (\frac{\mathrm{d}y}{\mathrm{d}x})^2}{\frac{\mathrm{d}^2 y}{\mathrm{d}x^2}}$$

$$= (n+1)r\sin t - r\sin(n+1)t + \frac{1 + (\tan\frac{n+2}{2}t)^2}{4(n+1)r\cos^3\frac{n+2}{2}t\sin\frac{nt}{2}}$$

$$= (n+1)r\sin t - r\sin(n+1)t + \frac{1}{\cos^2\frac{n+2}{2}t} \cdot$$

$$\frac{4(n+1)r\cos^3\frac{n+2}{2}t\sin\frac{nt}{2}}{n+2}$$

$$= (n+1)r\sin t - r\sin(n+1)t +$$

$$\frac{2(n+1)}{n+2} r[\sin(n+1)t - \sin t]$$

$$= [(n+1) - \frac{2(n+1)}{n+2}] r\sin t -$$

$$[1 - \frac{2(n+1)}{n+2}] r\sin(n+1)t$$

$$= \frac{n^2 + n}{n+2} r\sin t + \frac{n}{n+2} r\sin(n+1)t$$

摆线族

$$= \frac{n}{n+2}\left[(n+1)r\sin t + r\sin(n+1)t\right]$$

所以所求的外摆线的渐屈线方程为

$$\begin{cases} x_1 = \dfrac{nr}{n+2}\left[(n+1)\cos t + \cos(n+1)t\right] \\[3mm] y_1 = \dfrac{nr}{n+2}\left[(n+1)\sin t + \sin(n+1)t\right] \end{cases} \tag{5}$$

现比较渐屈线方程（5）和外摆线方程（4），我们将坐标轴按逆时针方向旋转 $\dfrac{\pi}{n}$ rad，化简渐屈线方程，则

$$x_2 = x_1\cos\frac{\pi}{n} + y_1\sin\frac{\pi}{n}$$

$$= \frac{n}{n+2}\Big\{\big[(n+1)r\cos t + r\cos(n+1)t\big]\cos\frac{\pi}{n} +$$

$$\big[(n+1)r\sin t + r\sin(n+1)t\big]\sin\frac{\pi}{n}\Big\}$$

$$= \frac{n}{n+2}\Big\{(n+1)r\cos t\cos\frac{\pi}{n} + r\cos(n+1)t\cos\frac{\pi}{n} +$$

$$(n+1)r\sin t\sin\frac{\pi}{n} + r\sin(n+1)t\sin\frac{\pi}{n}\Big\}$$

$$= \frac{n}{n+2}\Big\{(n+1)r\big[\cos t\cos\frac{\pi}{n} + \sin t\sin\frac{\pi}{n}\big] +$$

$$r\big[\cos(n+1)t\cos\frac{\pi}{n} + \sin(n+1)t\sin\frac{\pi}{n}\big]\Big\}$$

$$= \frac{n}{n+2}\Big\{(n+1)r\cos(t-\frac{\pi}{n}) + r\cos\big[(n+1)t-\frac{\pi}{n}\big]\Big\}$$

$$= \frac{n}{n+2}\Big\{(n+1)r\cos(t-\frac{\pi}{n}) - r\cos\big[\pi-(n+1)t+\frac{\pi}{n}\big]\Big\}$$

$$= \frac{n}{n+2}\Big\{(n+1)r\cos(t-\frac{\pi}{n}) - r\cos\big[\frac{(n+1)\pi}{n}-(n+1)t\big]\Big\}$$

168

$$= \frac{n}{n+2}\left\{ (n+1)r\cos(t-\frac{\pi}{n}) - r\cos(n+1)(t-\frac{\pi}{n}) \right\}$$

令 $t_2 = t - \frac{\pi}{n}$，则

$$x_2 = \frac{n}{n+2}\left[(n+1)r\cos t_2 - r\cos(n+1)t_2 \right]$$

$$\begin{aligned}
y_2 &= -x_1\sin\frac{\pi}{n} + y_1\cos\frac{\pi}{n} \\
&= \frac{n}{n+2}\left\{ \left[-(n+1)r\cos t - r\cos(n+1)t \right]\sin\frac{\pi}{n} + \right. \\
&\qquad \left. \left[(n+1)r\sin t + r\sin(n+1)t \right]\cos\frac{\pi}{n} \right\} \\
&= \frac{n}{n+2}\left\{ -(n+1)r\cos t\sin\frac{\pi}{n} - r\cos(n+1)t\sin\frac{\pi}{n} + \right. \\
&\qquad \left. (n+1)r\sin t\cos\frac{\pi}{n} + r\sin(n+1)t\cos\frac{\pi}{n} \right\} \\
&= \frac{n}{n+2}\left\{ (n+1)r\left[\sin t\cos\frac{\pi}{n} - \cos t\sin\frac{\pi}{n} \right] + \right. \\
&\qquad \left. r\left[\sin(n+1)t\cos\frac{\pi}{n} - \cos(n+1)t\sin\frac{\pi}{n} \right] \right\} \\
&= \frac{n}{n+2}\left\{ (n+1)r\sin(t-\frac{\pi}{n}) + r\sin\left[(n+1)t - \frac{\pi}{n} \right] \right\} \\
&= \frac{n}{n+2}\left\{ (n+1)r\sin(t-\frac{\pi}{n}) + r\sin\left[\pi - (n+1)t + \frac{\pi}{n} \right] \right\} \\
&= \frac{n}{n+2}\left\{ (n+1)r\sin(t-\frac{\pi}{n}) + r\sin(n+1)(\frac{\pi}{n} - t) \right\} \\
&= \frac{n}{n+2}\left[(n+1)r\sin(t-\frac{\pi}{n}) - r\sin(n+1)(t-\frac{\pi}{n}) \right]
\end{aligned}$$

令 $t_2 = t - \frac{\pi}{n}$，则

$$y_2 = \frac{n}{n+2}\left[(n+1)r\sin t_2 - r\sin(n+1)t_2 \right]$$

169

所以外摆线方程(4)的渐屈线方程(5)经过坐标轴的旋转(按逆时针旋转 $\frac{\pi}{n}$ rad),并令 $t_2 = t - \frac{\pi}{n}$ 就化为

$$\begin{cases} x_2 = \dfrac{nr}{n+2}\left[(n+1)\cos t_2 - \cos(n+1)t_2\right] \\ y_2 = \dfrac{nr}{n+2}\left[(n+1)\sin t_2 - \sin(n+1)t_2\right] \end{cases} \quad (6)$$

比较方程(4)和方程(6),可看出方程(6)也是一个外摆线. 这个外摆线的基圆半径和母圆半径都缩小了 $\frac{n}{n+2}$ 倍,而相应的初始位置旋转了 $\frac{\pi}{n}$ rad.

于是我们就得出这样的结论:外摆线的渐屈线相似于原来的外摆线,它的基圆圆心和原外摆线基圆圆心重合,它的基圆相应的初始位置对于原来外摆线的基圆初始位置旋转了 $\frac{\pi}{n}$ rad,外摆线的渐屈线比原外摆线要缩小,其相似比等于 $\frac{n}{n+2}$.

下面我们举一个具体的例子,让大家能比较具体地理解上面的结论.

例如:当 $R = 2r$ 时,外摆线的参数方程为

$$\begin{cases} x = 3r\cos t - r\cos 3t \\ y = 3r\sin t - r\sin 3t \end{cases}$$

它的渐屈线方程为

$$\begin{cases} x_2 = \dfrac{3r}{5}(3\cos t + \cos 3t) \\ y_2 = \dfrac{3r}{5}(3\sin t + \sin 3t) \end{cases}$$

把坐标轴按顺时针旋转 $\dfrac{\pi}{2}$ rad,再令 $t_2 = t - \dfrac{\pi}{2}$,得

$$\begin{cases} x_2 = \dfrac{3r}{5}(3\cos t_2 - \cos 3t_2) \\ y_2 = \dfrac{3r}{5}(3\sin t_2 - \sin 3t_2) \end{cases}$$

图 3 给出了外摆线的一系列渐屈线.

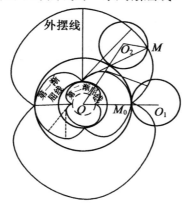

图 3　外摆线的一系列渐屈线

§4　内摆线的渐屈线

和外摆线一样,已知内摆线的参数方程我们也能求出内摆线的渐屈线方程(当 $R = nr$, n 为正整数时).

已知:内摆线的方程为

$$\begin{cases} x = (n-1)r\cos t + r\cos(n-1)t \\ y = (n-1)r\sin t - r\sin(n-1)t \end{cases} \tag{7}$$

171

摆线族

求其渐屈线方程.

 解 因为渐屈线方程为

$$\begin{cases} x_1 = x - \dfrac{\left[1 + (\dfrac{\mathrm{d}y}{\mathrm{d}x})^2\right]\dfrac{\mathrm{d}y}{\mathrm{d}x}}{\dfrac{\mathrm{d}^2 y}{\mathrm{d}x^2}} \\[6mm] y_1 = y + \dfrac{1 + (\dfrac{\mathrm{d}y}{\mathrm{d}x})^2}{\dfrac{\mathrm{d}^2 y}{\mathrm{d}x^2}} \end{cases}$$

又因为

$$\frac{\mathrm{d}x}{\mathrm{d}t} = -(n-1)r[\sin t + \sin(n-1)t]$$

$$\frac{\mathrm{d}y}{\mathrm{d}t} = (n-1)r[\cos t - \cos(n-1)t]$$

$$\frac{\mathrm{d}^2 x}{\mathrm{d}t^2} = -(n-1)r[\cos t + (n-1)\cos(n-1)t]$$

$$\frac{\mathrm{d}^2 y}{\mathrm{d}t^2} = (n-1)r[-\sin t + (n-1)\sin(n-1)t]$$

则

$$\frac{\mathrm{d}y}{\mathrm{d}x} = \frac{\dfrac{\mathrm{d}y}{\mathrm{d}t}}{\dfrac{\mathrm{d}x}{\mathrm{d}t}} = \frac{(n-1)r[\cos t - \cos(n-1)t]}{-(n-1)r[\sin t + \sin(n-1)t]}$$

$$= \frac{-2\sin\dfrac{nt}{2}\sin\dfrac{2-n}{2}t}{-2\sin\dfrac{nt}{2}\cos\dfrac{2-n}{2}t}$$

$$= -\tan\frac{n-2}{2}t$$

172

$$\frac{\mathrm{d}^2 y}{\mathrm{d}x^2} = \frac{\dfrac{\mathrm{d}x}{\mathrm{d}t} \cdot \dfrac{\mathrm{d}^2 y}{\mathrm{d}t^2} - \dfrac{\mathrm{d}y}{\mathrm{d}t} \cdot \dfrac{\mathrm{d}^2 x}{\mathrm{d}t^2}}{(\dfrac{\mathrm{d}x}{\mathrm{d}t})^3}$$

因为

$$\frac{\mathrm{d}x}{\mathrm{d}t} \cdot \frac{\mathrm{d}^2 y}{\mathrm{d}t^2} = -(n-1)r[\sin t + \sin(n-1)t] \cdot$$
$$(n-1)r[-\sin t + (n-1)\sin(n-1)t]$$
$$= -(n-1)^2 r^2 [-\sin^2 t + (n-2)\sin t \cdot$$
$$\sin(n-1)t + (n-1)\sin^2(n-1)t]$$
$$= (n-1)^2 r^2 [\sin^2 t - (n-2)\sin t \cdot$$
$$\sin(n-1)t - (n-1)\sin^2(n-1)t]$$

$$\frac{\mathrm{d}y}{\mathrm{d}t} \cdot \frac{\mathrm{d}^2 x}{\mathrm{d}t^2} = (n-1)r[\cos t - \cos(n-1)t] \cdot$$
$$\{-(n-1)r[\cos t + (n-1)\cos(n-1)t]\}$$
$$= (n-1)^2 r^2 [-\cos^2 t - (n-2)\cos t \cos(n-1)t +$$
$$(n-1)\cos^2(n-1)t]$$

所以

$$\frac{\mathrm{d}x}{\mathrm{d}t} \cdot \frac{\mathrm{d}^2 y}{\mathrm{d}t^2} - \frac{\mathrm{d}y}{\mathrm{d}t} \cdot \frac{\mathrm{d}^2 x}{\mathrm{d}t^2}$$
$$= \sin^2 t - (n-2)\sin t \sin(n-1)t - (n-1) \cdot$$
$$\sin^2(n-1)t + \cos^2 t + (n-2)\cos t \cos(n-1)t -$$
$$(n-1) \cdot \cos^2(n-1)t$$
$$= 1 + (n-2)[\cos t \cos(n-1)t - \sin t \sin(n-1)t] -$$
$$n + 1$$
$$= -(n-1)^2(n-2)r^2(1 - \cos nt)$$

所以

$$\frac{\mathrm{d}^2 y}{\mathrm{d}x^2} = \frac{-(n-1)^2(n-2)r^2(1 - \cos nt)}{-(n-1)^3 r^3 [\sin t + \sin(n-1)t]^3}$$

$$= \frac{2(n-2)\sin^2\frac{n}{2}t}{8(n-1)r\sin^3\frac{nt}{2}\cos^3\frac{n-2}{2}t}$$

$$= \frac{n-2}{4(n-1)r\sin\frac{nt}{2}\cos^3\frac{n-2}{2}t}$$

所以

$$x_1 = x - \frac{\left[1-(\frac{\mathrm{d}y}{\mathrm{d}x})^2\right]\frac{\mathrm{d}y}{\mathrm{d}x}}{\frac{\mathrm{d}^2y}{\mathrm{d}x^2}}$$

$$= x - \frac{\left[1+(-\tan\frac{n-2}{2}t)^2\right]\cdot(-\tan\frac{n-2}{2}t)}{\dfrac{n-2}{4(n-1)r\sin\frac{nt}{2}\cos^3\frac{n-2}{2}t}}$$

$$= x + \frac{\dfrac{1}{\cos^2\frac{n-2}{2}t}\cdot\dfrac{\sin\frac{n-2}{2}t}{\cos\frac{n-2}{2}t}\cdot4(n-1)r\sin\frac{nt}{2}\cos^3\frac{n-2}{2}t}{n-2}$$

$$= x + \frac{4(n-1)r\sin\frac{n-2}{2}t\sin\frac{nt}{2}}{n-2}$$

$$= (n-1)r\cos t + r\cos(n-1)t + \frac{4(n-1)r}{n-2}\cdot$$

$$\left\{-\frac{1}{2}\left[\cos(n-1)t - \cos t\right]\right\}$$

$$= (n-1)r\cos t + r\cos(n-1)t - \frac{2(n-1)r}{n-2}\cdot$$

$$\cos(n-1)t + \frac{2(n-1)r}{n-2}\cos t$$

174

$$= \left[(n-1)r + \frac{2(n-1)r}{n-2} \right] \cos t +$$

$$\left[r - \frac{2(n-1)r}{n-2} \right] \cos(n-1)t$$

$$= \frac{n^2 - n}{n-2} r\cos t - \frac{n}{n-2} r\cos(n-1)t$$

$$= \frac{n}{n-2} \left[(n-1)r\cos t - r\cos(n-1)t \right]$$

$$y_1 = y + \frac{1 + (\frac{\mathrm{d}y}{\mathrm{d}x})^2}{\frac{\mathrm{d}^2 y}{\mathrm{d}x^2}}$$

$$= (n-1)r\sin t - r\sin(n-1)t + \frac{1 + (-\tan\frac{n-2}{2}t)^2}{\dfrac{n-2}{4(n-1)r\sin\frac{nt}{2}\cos^3\frac{n-2}{2}t}}$$

$$= (n-1)r\sin t - r\sin(n-1)t + \frac{1}{\cos^2\frac{n-2}{2}t} \cdot$$

$$\frac{4(n-1)r\sin\frac{nt}{2}\cos^3\frac{n-2}{2}t}{n-2}$$

$$= (n-1)r\sin t - r\sin(n-1)t + \frac{2(n-1)r}{n-2} \cdot$$

$$\left[\sin(n-1)t + \sin t \right]$$

$$= \left[(n-1) + \frac{2(n-1)}{n-2} \right] r\sin t - \left[1 - \frac{2(n-1)}{n-2} \right] \cdot$$

$$r\sin(n-1)t$$

$$= \frac{n^2 - n}{n-2} r\sin t + \frac{n}{n-2} r\sin(n-1)t$$

摆线族

$$= \frac{n}{n-2}[(n-1)r\sin t + r\sin(n-1)t]$$

所以内摆线方程(7)的渐屈线方程为

$$\begin{cases} x_1 = \frac{nr}{n-2}[(n-1)\cos t - \cos(n-1)t] \\ y_1 = \frac{nr}{n-2}[(n-1)\sin t + \sin(n-1)t] \end{cases} \tag{8}$$

现比较渐屈线方程(8)和内摆线方程(7),我们将坐标轴按逆时针方向旋转 $\frac{\pi}{n}$ rad,化简渐屈线方程. 则

$$x_2 = x_1\cos\frac{\pi}{n} + y_1\sin\frac{\pi}{n}$$

$$= \frac{n}{n-2}\left\{[(n-1)r\cos t - r\cos(n-1)t]\cos\frac{\pi}{n} + \right.$$

$$\left. [(n-1)r\sin t + r\sin(n-1)t]\sin\frac{\pi}{n}\right\}$$

$$= \frac{n}{n-2}[(n-1)r\cos t\cos\frac{\pi}{n} - r\cos(n-1)t\cos\frac{\pi}{n} + $$

$$(n-1)r\sin t\sin\frac{\pi}{n} + r\sin(n-1)t\cdot\cos\frac{\pi}{n}]$$

$$= \frac{nr}{n-2}\left\{(n-1)[\cos t\cos\frac{\pi}{n} + \sin t\sin\frac{\pi}{n}] - \right.$$

$$\left. [\cos(n-1)t\cos\frac{\pi}{n} - \sin(n-1)t\sin\frac{\pi}{n}]\right\}$$

$$= \frac{nr}{n-2}\left\{(n-1)\cos(t-\frac{\pi}{n}) - \cos[(n-1)t+\frac{\pi}{n}]\right\}$$

$$= \frac{nr}{n-2}\left\{(n-1)\cos(t-\frac{\pi}{n}) + \cos[\pi-(n-1)t-\frac{\pi}{n}]\right\}$$

$$= \frac{nr}{n-2}\left\{(n-1)\cos(t-\frac{\pi}{n}) + \cos[\frac{n\pi-\pi}{n}-(n-1)t]\right\}$$

176

$$= \frac{nr}{n-2}\left\{ (n-1)\cos(t-\frac{\pi}{n}) + \cos\left[(n-1)(\frac{\pi}{n}-t) \right] \right\}$$

$$= \frac{nr}{n-2}\left\{ (n-1)\cos(t-\frac{\pi}{n}) + \cos\left[(n-1)(t-\frac{\pi}{n}) \right] \right\}$$

令 $t_2 = t - \dfrac{\pi}{n}$，则

$$x_2 = \frac{nr}{n-2}\left[(n-1)\cos t_2 + \cos(n-1)t_2 \right]$$

$$y_2 = -x_1\sin\frac{\pi}{n} + y_1\cos\frac{\pi}{n}$$

$$= \frac{nr}{n-2}\left\{ -\left[(n-1)\cos t - \cos(n-1)t \right]\sin\frac{\pi}{n} + \right.$$

$$\left. \left[(n-1)\sin t + \sin(n-1)t \right]\cos\frac{\pi}{n} \right\}$$

$$= \frac{nr}{n-2}\left[-(n-1)\cos t\sin\frac{\pi}{n} + \cos(n-1)t\sin\frac{\pi}{n} + \right.$$

$$\left. (n-1)\sin t\cos\frac{\pi}{n} + \sin(n-1)t\cos\frac{\pi}{n} \right]$$

$$= \frac{nr}{n-2}\left\{ (n-1)\left[-\cos t\sin\frac{\pi}{n} + \sin t\cos\frac{\pi}{n} \right] + \right.$$

$$\left. \left[\sin(n-1)t\cos\frac{\pi}{n} + \cos(n-1)t\sin\frac{\pi}{n} \right] \right\}$$

$$= \frac{nr}{n-2}\left\{ (n-1)\sin(t-\frac{\pi}{n}) + \sin\left[(n-1)t + \frac{\pi}{n} \right] \right\}$$

$$= \frac{nr}{n-2}\left\{ (n-1)\sin(t-\frac{\pi}{n}) + \sin\left[\pi - (n-1)t - \frac{\pi}{n} \right] \right\}$$

$$= \frac{nr}{n-2}\left\{ (n-1)\sin(t-\frac{\pi}{n}) + \sin\left[\frac{n\pi - \pi}{n} - (n-1)t \right] \right\}$$

$$= \frac{nr}{n-2}\left\{ (n-1)\sin(t-\frac{\pi}{n}) + \sin\left[(n-1)(\frac{\pi}{n}-t) \right] \right\}$$

$$= \frac{nr}{n-2}\left\{ (n-1)\sin(t-\frac{\pi}{n}) - \sin\left[(n-1)(t-\frac{\pi}{n}) \right] \right\}$$

摆线族

令 $t_2 = t - \dfrac{\pi}{n}$，则

$$y_2 = \frac{nr}{n-2}\big[(n-1)\sin t_2 - \sin(n-1)t_2\big]$$

所以内摆线方程（7）的渐屈线方程（8）经过坐标轴的旋转（按逆时针旋转 $\dfrac{\pi}{n}$ rad），并设 $t_2 = t - \dfrac{\pi}{n}$ 就化为

$$\begin{cases} x_2 = \dfrac{nr}{n-2}\big[(n-1)\cos t_2 + \cos(n-1)t_2\big] \\[2mm] y_2 = \dfrac{nr}{n-2}\big[(n-1)\sin t_2 - \sin(n-1)t_2\big] \end{cases} \quad (9)$$

比较方程（7）和方程（9），可看出方程（9）也是一个内摆线，这个内摆线的母圆半径和基圆半径增加了 $\dfrac{n}{n-2}$ 倍，而相应的初始位置旋转了 $\dfrac{\pi}{n}$ rad.

这样我们就得出如下的结论：内摆线的渐屈线相似于原来的内摆线，它的基圆圆心和原内摆线的基圆圆心重合，而相应的初始位置旋转了一个 $\dfrac{\pi}{n}$ rad. 内摆线的渐屈线比原来的内摆线要放大，其相似比等于 $\dfrac{n}{n-2}$.

同样我们举一个具体的例子，让大家能比较具体地理解上面的结论.

例如：星形线（$n = 4$）的方程（$R = 4r$）$\begin{cases} x = 4r\cos^3 t \\ y = 4r\sin^3 t \end{cases}$ 的渐屈线方程为

$$\begin{cases} x_1 = 2r(3\cos t - \cos 3t) \\ y_1 = 2r(3\sin t + \sin 3t) \end{cases}$$

178

当坐标轴旋转 $\dfrac{\pi}{4}$ 后,并令 $t_2 = t - \dfrac{\pi}{4}$. 则得

$$\begin{cases} x_2 = 8r\cos^3 t_2 \\ y_2 = 8r\sin^3 t_2 \end{cases}$$

所以渐屈线关于星形线旋转了一个 $\dfrac{\pi}{4}$ 角,并放大了 2 倍(当然是指线性量度).

图 4 给出了内摆线的渐屈线.

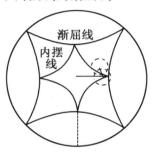

图 4　内摆线的渐屈线

§5　摆线的渐伸线

一、渐伸线的概念

什么是曲线的渐伸线呢?

让我们来看一下曲线的凸弧 AB(图 5),我们设想把一根不能伸缩的,和弧 AB 等长的丝线一端固定在弧 AB 上的点 A,并且使丝线紧紧地贴合在弧上,

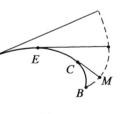

图 5

它的另一端正好落在点 B 上.

把丝线"伸展开"——拉直,并把它拉紧,使得丝线的自由部分 CM 的方向永远是合于弧 AB 的切线方向. 这时候,丝线的端点就画出了一条曲线,这条曲线就叫作原来曲线的渐伸线.

由于平滑的曲线上任何一个固定点都可以给出一条渐伸线(图 6),所以平滑的曲线具有不只一条,而是无穷多条渐伸线. 但是任一条平滑的曲线只具有唯一的渐屈线.

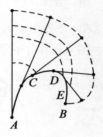

图 6　渐伸线族

渐屈线和渐伸线的关系:如果曲线 l 的渐屈线是 l',则曲线 l 是曲线 l' 的一条渐伸线. 反之则不一定成立.

二、共轭摆线

如图 7 所示,我们在前面已证明了摆线的半个拱形弧 OC_5 是摆线半个拱形弧 OM_5 的渐屈线. 所以摆线半个拱形弧 OM_5 也是摆线半个拱形弧的渐伸线,我们又把摆线 OM_5 叫作摆线 OC_5 的共轭摆线.

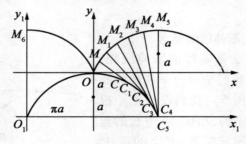

图 7

下面来研究共轭摆线的作图. 我们来看图 8 中摆

180

线的半拱形弧 AMB. 引四条直线和基线 AK 平行,并且和基线 AK 的距离分别等于 $a,2a,3a$ 和 $4a$,作相应于点 M 的母圆 O,设回转角 $\angle MOH = \varphi$,那么 $AH = a\varphi$(φ 用弧度计算).

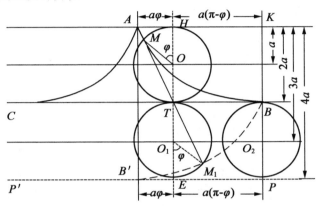

图 8　共扼摆线

从点 T 把母圆的直径 HT 延长出去,直到和直线 $P'P$ 相交(交于点 E). 作以 TE 为直径的圆(圆心为 O_1). 作摆线 AMB 在点 M 的切线(即连 MT),把切线 MT 延长交圆 O_1 于点 M_1,我们现在研究的正是这样的点 M_1.

在 $\triangle OMT$ 中,因为

$$OM = OT, \angle MOH = \varphi$$

所以 $\qquad \angle MTH = \dfrac{\varphi}{2}$

在 $\triangle O_1 TM_1$ 中,因为

$$O_1 T = O_1 M_1, \angle O_1 TM_1 = \angle MTH = \dfrac{\varphi}{2}$$

所以 $\qquad \angle O_1 M_1 T = \dfrac{\varphi}{2}, \angle M_1 O_1 T = \pi - \varphi$

又因为 $AH = a\varphi$，所以 $HK = a(\pi - \varphi)$.

现在以 O_2 为圆心，a 为半径的母圆沿 CM 基线做无滑动的滚动，则圆 O_2 上一定点 B 的轨迹为摆线 BB'，而当圆 O_2 滚了 $\pi - \varphi$ 正好与圆 O_1 重合，这时，定点 B 也与 M_1 重合，这就是说点 M_1 恰好是摆线 B_1B 上的一点.

在上面的作图里，对于摆线 AMB 上的任一点 M 对应于摆线 BM_1B' 上的一点 M_1.

像这样作图，由摆线 AMB 而得到的摆线 BM_1B' 叫作原来摆线 AMB 的共轭摆线.

从图上可以很清楚地看到，摆线 $B'M_1B$ 可看作是摆线 AMB 以 A 为定点，B 为起始点的渐伸线. 则摆线半拱弧 AMB 的长等于 AB 的长，即等于 $4a$. 所以摆线的一个拱形弧长等于 $8a$，这和前面我们用积分的方法求得的结果是一致的.

所以，以摆线半拱形弧的歧点为定点，以最高点为起始点的渐伸线，叫作原摆线的共轭摆线.

摆线的共轭摆线与原摆线在大小形状上完全一样，是两个全等图形，只不过其相位向下平移了 $2a$ 个单位，向右平移了 $a\pi$ 个单位.

摆线的共轭摆线是摆线所特有的性质，在前面已经讲过了，惠更斯就是利用这个性质创造了摆线摆，应用在时钟上.

摆线的等距线

目前,摆线在我们生产实践中有越来越广泛的应用,比如摆线针齿行星减速器、摆线油马达以及三角活塞旋转式发动机等等,而在这些应用中我们遇到的往往不是摆线而是摆线的等距线,例如摆线针轮的轮廓线、发动机缸体的实际型线等都是某种外摆线的等距线.

因此为了使大家能在应用摆线解决实际问题时提供一些参考资料,我们简单地把等距线的知识在这里简略的介绍一下.

§1 等距线的概念

在图 1 中,l 和 l_1 是平行线,C 和 C_1 是同心圆,它们之间有什么共同的关系呢?

在图 1(a)中,过 l 上任意一点 P,作 l 的垂线和 l_1 交于一点 P_1,大家知道,PP_1 也垂直于 l_1,且 PP_1 的长度是一定的.同样(图 1(b)),过圆 C 上的任意一点

摆线族

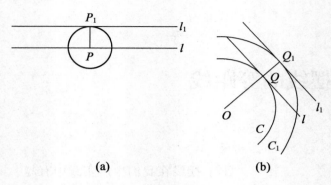

(a)   (b)

图 1

Q，作圆 C 的切线 l，联结 OQ 并延长与圆 C_1 交于 Q_1，过 Q_1 作圆 C_1 的切线 l_1，则 $l_1 /\!/ l$. 于是 QQ_1 是 l, l_1 的公垂线段，且 QQ_1 的长度是一定的.

如果我们把 P_1 和 P（或 Q_1 和 Q）叫作对应点，那么对应点的连线是两条线（或两段圆弧）的公垂线，并且它的长度不受点 P 的位置影响而是一个定值. 这样，我们把直线 l_1 叫作直线 l 的等距线，圆弧 C_1 叫作圆弧 C 的等距线. 对于更一般的曲线我们对等距曲线给出如下的定义：

设两条曲线 L 和 L_1，如果 L 上的任意一点 P 都有 L_1 上的一点 P_1 与之对应，L 上不同的点对应 L_1 上不同的点，而且对应点 P, P_1 所在曲线的切线互相平行的连线 PP_1 是 L 和 L_1 的公法线，若 PP_1 的长度是一定值，即 L 和 L_1 之间的距离处处相等，我们就说 L 和 L_1 是等距曲线（或平行曲线）.

已知一条曲线 L，让 L 上每一点沿 L，且沿这点的法线的一定方向移动一段固定距离 d，得到新的点，这些新的点的轨迹 L_1 就是 L 的等距曲线.

184

§2　等距曲线的方程

设曲线 L 的方程是 $\begin{cases} x = x(t) \\ y = y(t) \end{cases}$,而等距曲线 L_1 和 L_2

与 L 的距离为 a(图 2). 则等距曲线 L_1 的方程为

$$\begin{cases} x_1(t) = x(t) + a\eta_x \\ y_1(t) = y(t) + a\eta_y \end{cases}$$

等距曲线 L_2 的方程为

$$\begin{cases} x_2(t) = x(t) - a\eta_x \\ y_2(t) = y(t) - a\eta_y \end{cases}$$

其中

$$\eta_x = \frac{y'(t)}{\sqrt{[x'(t)]^2 + [y'(t)]^2}}$$

$$\eta_y = \frac{-x'(t)}{\sqrt{[x'(t)]^2 + [y'(t)]^2}}$$

图 2

例 1　摆线 L 的方程为 $\begin{cases} x = r(t - \sin t) \\ y = r(1 - \cos t) \end{cases}$,求和 L

的距离为 a 的外等距曲线的方程.

解　因为

$$\begin{cases} x = r(t - \sin t) \\ y = r(1 - \cos t) \end{cases}$$

所以

$$\frac{\mathrm{d}x}{\mathrm{d}t} = r(1 - \cos t), \frac{\mathrm{d}y}{\mathrm{d}t} = r\sin t$$

$$[x'(t)]^2 = r^2(1 - \cos t)^2, [y'(t)]^2 = r^2\sin^2 t$$

故

摆线族

$$\sqrt{[x'(t)]^2 + [y'(t)]^2}$$
$$= \sqrt{r^2(1-\cos t)^2 + r^2\sin^2 t}$$
$$= \sqrt{r^2 - 2r^2\cos t + r^2\cos^2 t + r^2\sin^2 t}$$
$$= \sqrt{2r^2 - 2r^2\cos t}$$
$$= 2r\sin\frac{t}{2}$$

所以

$$\eta_x = \frac{y'(t)}{\sqrt{[x'(t)]^2 + [y'(t)]^2}}$$

$$= \frac{r\sin t}{2r\sin\dfrac{t}{2}}$$

$$= \frac{2\sin\dfrac{t}{2}\cos\dfrac{t}{2}}{2\sin\dfrac{t}{2}}$$

$$= \cos\frac{t}{2}$$

$$\eta_y = \frac{-x'(t)}{\sqrt{[x'(t)]^2 + [y'(t)]^2}}$$

$$= \frac{-r(1-\cos t)}{2r\sin\dfrac{t}{2}}$$

$$= -\sin\frac{t}{2}$$

所以所求摆线 L 的外等距曲线的方程为

$$\begin{cases} x_1(t) = x(t) + a\eta_x = r(t - \sin t) + a\cos\dfrac{t}{2} \\ y_1(t) = y(t) + a\eta_y = r(1 - \cos t) - a\sin\dfrac{t}{2} \end{cases}$$

例 2　内摆线 L 的方程为

$$\begin{cases} x = (n-1)r\cos t + r\cos(n-1)t \\ y = (n-1)r\sin t - r\sin(n-1)t \end{cases}$$

求和 L 的距离为 a 的外等距曲线的方程.

解　因为

$$x = (n-1)r\cos t + r\cos(n-1)t$$

$$y = (n-1)r\sin t - r\sin(n-1)t$$

所以

$$\frac{\mathrm{d}x}{\mathrm{d}t} = -(n-1)r\sin t - (n-1)r\sin(n-1)t$$

$$= -(n-1)r\left[\sin t + \sin(n-1)t\right]$$

$$\frac{\mathrm{d}y}{\mathrm{d}t} = (n-1)r\cos t - (n-1)r\cos(n-1)t$$

$$= (n-1)r\left[\cos t - \cos(n-1)t\right]$$

故

$$\sqrt{\left[x'(t)\right]^2 + \left[y'(t)\right]^2}$$

$$= (n-1)r\sqrt{\left[\sin t + \sin(n-1)t\right]^2 + \left[\cos t - \cos(n-1)t\right]^2}$$

$$= (n-1)r\sqrt{\sin^2 t + 2\sin t\sin(n-1)t + \sin^2(n-1)t + \cos^2 t - 2\cos t\cos(n-1)t + \cos^2(n-1)t}$$

$$= (n-1)r\sqrt{2 - 2\left[\cos t\cos(n-1)t - \sin t\sin(n-1)t\right]}$$

$$= (n-1)r\sqrt{2 - 2\cos nt}$$

$$= 2(n-1)r\sqrt{\frac{1 - \cos nt}{2}}$$

$$= 2(n-1)r\sin\frac{nt}{2}$$

所以

$$\eta_x = \frac{y'(t)}{\sqrt{\left[x'(t)\right]^2 + \left[y'(t)\right]^2}}$$

187

摆线族

$$= \frac{(n-1)r[\cos t - \cos(n-1)t]}{2(n-1)r\sin\frac{nt}{2}}$$

$$= \frac{-2\sin\frac{nt}{2}\sin\frac{2-n}{2}t}{2\sin\frac{nt}{2}}$$

$$= \sin\frac{n-2}{2}t$$

$$\eta_y = \frac{-x'(t)}{\sqrt{[x'(t)]^2 + [y'(t)]^2}}$$

$$= \frac{(n-1)r[\sin t + \sin(n-1)t]}{2(n-1)r\sin\frac{nt}{2}}$$

$$= \frac{\sin t + \sin(n-1)t}{2\sin\frac{nt}{2}}$$

$$= \frac{2\sin\frac{nt}{2}\cos\frac{2-n}{2}t}{2\sin\frac{nt}{2}}$$

$$= \cos\frac{n-2}{2}t$$

所以所求内摆线 L 的外等距曲线的方程为

$$\begin{cases} x_1(t) = (n-1)r\cos t + r\cos(n-1)t + a\sin\frac{n-2}{2}t \\ y_1(t) = (n-1)r\sin t - r\sin(n-1)t + a\cos\frac{n-2}{2}t \end{cases}$$

例 3 外摆线 L 的方程为

$$\begin{cases} x = (n+1)r\cos t - r\cos(n+1)t \\ y = (n+1)r\sin t - r\sin(n+1)t \end{cases}$$

求和 L 的距离为 a 的外等距曲线的方程.

解　因为

$$x = (n+1)r\cos t - r\cos(n+1)t$$
$$y = (n+1)r\sin t - r\sin(n+1)t$$

所以

$$x'(t) = -(n+1)r\sin t + (n+1)r\sin(n+1)t$$
$$= (n+1)r\big[-\sin t + \sin(n+1)t\big]$$
$$y'(t) = (n+1)r\cos t - (n+1)r\cos(n+1)t$$
$$= (n+1)r\big[\cos t - \cos(n+1)t\big]$$

故

$$\sqrt{\big[x'(t)\big]^2 + \big[y'(t)\big]^2}$$
$$= (n+1)r\sqrt{\big[-\sin t + \sin(n+1)t\big]^2 + \big[\cos t - \cos(n+1)t\big]^2}$$
$$= (n+1)r\sqrt{\sin^2 t - 2\sin t\sin(n+1)t + \sin^2(n+1)t + \cos^2 t - 2\cos t\cos(n+1)t + \cos^2(n+1)t}$$
$$= (n+1)r\sqrt{2 - 2\big[\sin t\sin(n+1)t + \cos t\cos(n+1)t\big]}$$
$$= (n+1)r\sqrt{2 - 2\cos nt}$$
$$= 2(n+1)r\sqrt{\frac{1-\cos nt}{2}}$$
$$= 2(n+1)r\sin\frac{nt}{2}$$

所以

$$\eta_x = \frac{y'(t)}{\sqrt{\big[x'(t)\big]^2 + \big[y'(t)\big]^2}}$$
$$= \frac{(n+1)r\big[\cos t - \cos(n+1)t\big]}{2(n+1)r\sin\dfrac{nt}{2}}$$
$$= \frac{-2\sin\dfrac{n+2}{2}t\sin\dfrac{-n}{2}t}{2\sin\dfrac{nt}{2}}$$

摆线族

$$= \sin \frac{n+2}{2}t$$

$$\eta_y = \frac{-x'(t)}{\sqrt{[x'(t)]^2 + [y'(t)]^2}}$$

$$= \frac{(n+1)r[\sin t - \sin(n+1)t]}{2(n+1)r\sin \frac{nt}{2}}$$

$$= \frac{2\cos \frac{n+2}{2}t \sin \frac{-n}{2}t}{2\sin \frac{nt}{2}}$$

$$= -\cos \frac{n+2}{2}t$$

所以所求外摆线 L 的外等距曲线的方程为

$$\begin{cases} x_1(t) = (n+1)r\cos t - r\cos(n+1)t + a\sin \frac{n+2}{2}t \\ y_1(t) = (n+1)r\sin t - r\sin(n+1)t - a\cos \frac{n+2}{2}t \end{cases}$$

上面的例题给出了摆线、内摆线和外摆线的外等距曲线的方程,这样,在实际运用中我们就可以直接运用这些方程,画出相应的等距曲线,并对等距曲线的性质、计算可做进一步的研究.

190

摆线族的应用

第

7

章

在这一章中,提到的摆线是泛指摆线族中的任意一种类型的曲线.

摆线存在于客观实际之中,摆线的许多物性也是客观存在的一种自然规律,随着科学技术的发展,人们对摆线的认识也越来越深刻.

人们认识摆线的规律,一方面推动了科学技术的发展,另一方面也是为了造福于人类.随着现代科学技术的发展,摆线在工农业生产中和科学实验中有广泛的应用.下面举几个例子来说明摆线在生产实践中的应用.

§1 齿轮传动

在机械传动中,用主动齿轮带动从动齿轮是常见的,我们为了研究齿轮传动的规律,常常需要求出齿轮上某些点的运动轨迹,例如,设主动齿轮的节圆半径为 r,从动齿轮的节圆半径为 R,求主动

摆线族

齿轮上的一点 A 相对于从动齿轮的运动轨迹.

解 如图 1 所示,圆 O 代表主动齿轮,圆 O' 代表从动齿轮. 取 xOy 为固定的直角坐标系,在从动齿轮上取坐标系 $x'O'y'$,当 $x'O'y'$ 固定在从动齿轮上,当从动齿轮转动时,$x'O'y'$ 也一起转动. 圆 O 上的一点 A,相对于动坐标系 $x'O'y'$ 运动. 现在要求的是主动齿轮上一点 A 相对于坐标系 $x'O'y'$ 的运动轨迹.

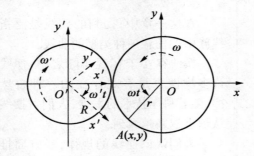

图 1

设开始时点 A 位于 OO' 上,当主动齿轮以角速度 ω 旋转时,从动齿轮以角速度 ω' 转动,由于齿轮彼此啮合转动,在同时间内转过的弧长应相等,则有

$$r\omega t = R\omega' t$$

所以

$$\omega' = \frac{r}{R}\omega$$

在坐标系 xOy 中,点 A 的运动轨迹方程为

$$\begin{cases} x = r\cos(\omega t + \pi) = -r\cos \omega t \\ y = r\sin(\omega t + \pi) = -r\sin \omega t \end{cases} \tag{1}$$

设点 A 在 $x'O'y'$ 坐标系中的坐标为 (x', y').

由坐标变换公式知,(x', y') 与 (x, y) 有下列关系

$$
\begin{cases}
x' = \big[x - (-R - r)\big] \cdot \cos(-\omega' t) + y\sin(-\omega' t) \\
y' = \big[x - (-R - r)\big] \cdot \sin(-\omega' t) + y\cos(-\omega' t)
\end{cases} \tag{2}
$$

相当于从 xOy 先平移到 $O'(-R-r,0)$，然后顺时针旋转 $\omega' t$，得到 $x'O'y'$，即有

$$
\begin{cases}
x' = (x + R + r)\cos\dfrac{r}{R}\omega t - y\sin\dfrac{r}{R}\omega t \\[2mm]
y' = (x + R + r)\sin\dfrac{r}{R}\omega t + y\cos\dfrac{r}{R}\omega t
\end{cases} \tag{3}
$$

将方程（1）代入方程（3），就得到点 A 相对于坐标系 $x'O'y'$ 运动轨迹的方程，则

$$
\begin{cases}
x' = (-r\cos\,\omega t + R + r)\cos\dfrac{r}{R}\omega t + r\sin\,\omega t\sin\dfrac{r}{R}\omega t \\[2mm]
y' = (-r\cos\,\omega t + R + r)\sin\dfrac{r}{R}\omega t - r\sin\,\omega t\cos\dfrac{r}{R}\omega t
\end{cases}
$$

即
$$
\begin{cases}
x' = (R + r)\cos\left(\dfrac{r}{R}\omega t\right) - r\cos\left(\dfrac{R + r}{R}\omega t\right) \\[2mm]
y' = (R + r)\sin\left(\dfrac{r}{R}\omega t\right) - r\sin\left(\dfrac{R + r}{R}\omega t\right)
\end{cases}
$$

所以主动齿轮上的一点 A，相对于从动齿轮的运动轨迹是外摆线.

我们掌握了这一点就能对齿轮传动中齿轮上每一点的运动情况进行细致地研究.

§2　摆线齿

在机械传动中有很多精密仪器的齿轮的齿型采用摆线齿（图 2，图 3）. 摆线齿有什么优点呢？从摆线的定义中我们知道，摆线是由动圆无滑动的滚动而产生的,因此两个摆线齿轮在传动中,摆线齿和摆线齿之间没有滑动,因此就没有滑动摩擦或者滑动摩擦非常小. 因此就提高了齿轮的寿命和保持齿轮传动的精度.

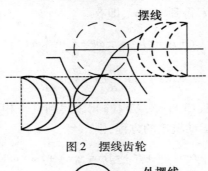

图 2 摆线齿轮

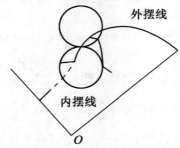

图 3

例如,手表中的齿轮就采用摆线齿. 大家都知道,手表中的齿轮一般是不会坏的,但是齿轮轴和轴座有时会磨损,因此齿轮轴都采用好的钢材,而轴座一般用耐磨的钻石.

那么摆线齿有以上优点,而在机械中为什么不广泛地采用呢? 这是因为摆线齿要求齿轮的定位精度相当高,齿轮轴和齿轮轴底座要求的材质耐磨性较高,否则定位误差一大了,齿轮就卡死了,这样齿轮就会停止转动. 因此一般机械传动中没有必要花这么高的代价,

使齿轮定位这样准确,有时也无法保持它的精度,因此普通齿轮传动中不采用摆线齿,而采用圆的渐开线齿型.

§3　摆线针轮行星减速器

在我们的工厂里广泛地使用电动机、柴油机等. 而电动机的转速往往都很高,例如,我们手里有一台 2.8 kW,转速为每分钟 2000 转的电动机,而我们的机器要求每分钟的转速为 1000 转,那么办呢? 这时就需要减速的装置,也就是说在工厂里需要各式各样的减速器.

随着现代工业的发展,对减速器的需求量越来越大,要求也越来越高,现代工业要求减速器具有体积小、重量轻、承载能力大、效率高和寿命长等特点.

当前在很多工厂里常见的减速器有两种,即普通的齿轮减速器和普通的蜗轮减速器. 但是这两种减速器都有很多的缺点,例如,普通的齿轮减速器的体积大、结构笨重,并且使用的寿命比较短;而普通的蜗轮减速器虽然结构紧凑,并可达到大的传动比,但效率较低. 因此,普通减速器的性能已不能完全满足现代工业的发展.

在一些工业比较发达的国家已经普遍地采用摆线针轮行星减速器.

我们先来看一下摆线针轮行星减速器的外形. 图 4 是摆线针轮行星减速器的机械部分和电机的外形. 从图上可看出这种摆线减速器的体积很小甚至比电机

195

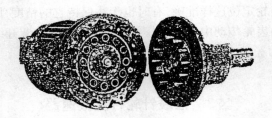

图 4   摆线针轮行星减速器的机械部分和电机

还要小,而且和电机连接很紧凑.

下面我们再来看看摆线针轮行星减速器的结构图
和元件排列图(图5).

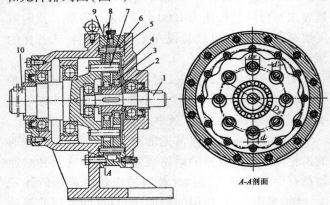

A-A剖面

1——输入轴;2——双偏心套;3——转臂轴承;4——摆线轮;5——针齿销;
6——针齿套;7——柱销;8——柱销套;9——针齿壳;10——输出轴

图 5   摆线针轮行星减速器的结构

从图 6 上我看到摆线针轮行星减速器的主要元件
之一是摆线轮,摆线轮的齿形为短外摆线的等距线.

关于摆线针轮行星减速器的传动原理,大家可参看
相关的专门著作. 例如,郑州工学院机械原理及机械零件
教研室编的《摆线针轮行星传动》一书上就有比较详细的

论述.

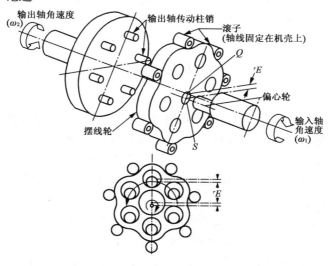

图 6

　　关于摆线针轮行星减速器,我国从 1964 年就开始试制,到目前为止,虽然已经应用在很多工业部门中,但至今仍不普及. 对于很多工人和工程技术人员来说还不太熟悉它.

　　摆线针轮行星减速器具有减速比大、体积小、重量轻、效率高、运转平稳、无噪音,并且有较大的速载能力和能承受较强的冲击性能以及使用寿命长等特点.

　　因此有关的机械工人和工程技术人员要学习摆线的有关知识,要研究摆线在机械工业中的应用.

　　与摆线针轮行星减速器相类似的摆线液压马达,其主要元件是转子和定子,而转子的轮廓线是短外摆线的等距线. 不过摆线液压马达的工作原理和摆线针轮行星减速器不一样,因此用途也不相同,摆线液压马达主要用在锻造操作机、液压油管钳、铸塑油压机和起重输送等机械设备上.

§4 旋转式发动机

在内燃机方面,目前使用最广泛的是"四冲程活塞式发动机",这种发动机通过燃气膨胀来推动活塞做往复的运动,再经过机械转换变成转动.

但这种发动机与高速汽车、轮船和其他高速旋转的机械来说已经不太适用了. 人们已经创造出新式发动机——旋转式发动机,它的活塞直接做旋转运动,因此这种发动机有结构紧凑、体积小、效率高和转速快等优点. 那么这种发动机与我们的摆线有什么关系呢? 旋转式发动机的缸体型线是某种外摆线的轮廓线.

例如,三角活塞旋转式发动机,它的缸体的理论型线就是 $R = 2r$ 的短外摆线(称为双弧外摆线). 如图 7 所示,中间的形状为三角形的部分是旋转活塞,它始终与外面的缸体型线接触,缸体型线是双弧外摆线的等距曲线.

双弧外摆线如图 8 所示,其参数方程为

$$\begin{cases} x = 3r\cos t - l\cos 3t \\ y = 3r\sin t - l\sin 3t \end{cases} \quad (-\infty < t < +\infty, l < r)$$

有了这个参数方程我们就能把所需要的缸体曲线画出来.

198

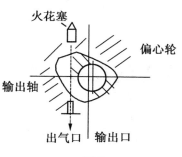

图 7

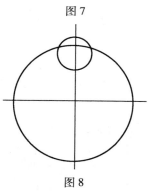

图 8

199

一般曲线上的摆线

平面内一般曲线的摆线也可称平面摆线.

§1 平面摆线的定义

一、摆线的定义

在平面上,有一条光滑的曲线 $y = f(x)$,一个动点 O_1 在曲线 $y = f(x)$ 上做匀速运动,另一个动点 M,在平面上始终保持与点 O_1 相距为 l,并且绕点 O_1 做匀速圆周运动,则点 M 的轨迹称为摆线,而摆曲线 $y = f(x)$ 称为母线,l 为摆长.

二、推导摆线方程

如图 1 所示,若 O_1 在曲线 $y = f(x)$ 上的运动速度为 u_1,点 M 旋转的线速度为 v_1,角速度为 ω,在时间 t 内旋转角度为 θ,按常规约定,逆时针方向为旋转正方向,于是我们有

$$u_1 = l\omega, \theta = \omega t, t = \frac{\theta l}{u_1} \qquad (1)$$

在时间 t 内,点 O_1 在曲线 $y = f(x)$ 上运动的弧长为 $SO_1 = u_1 t$. 点 O_1 的向量 $\bar{R} =$

$\overline{OO_1}$ 是弧长 SO_1 的函数，$\overline{R} = \overline{R}(u_1 t)$，向量 $\overline{R}$ 在 x 轴上的投影

$$u = \overline{R}\cos\varphi \qquad (2)$$

其中 φ 是 $\overline{R}$ 与 x 轴正方向的夹角，由式（1）和式（2）得

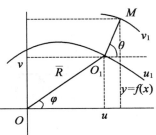

$$\overline{R}\left(\frac{u_1}{v_1}\theta t\right) = \frac{u}{\cos\varphi} \qquad (3)$$

由式（3）可解得 θ 的

函数表达式 $\theta = \dfrac{v_1}{u_1} \cdot$

图 1

$t\left(\dfrac{u}{\cos\varphi}\right)$，$u$ 是 $\overline{R}$ 在 x 轴上的投影，$\overline{R}$ 由点 O_1 的位置所决定，而 O_1 的位置由 φ 决定，所以 u 是 φ 的函数，u_1，v_1，l 是常数，因此，θ 必是 φ 的函数，可记作 $\theta = h(\varphi)$，由图 1 知

$$\begin{cases} x = u + l\cos h(\varphi) \\ y = v + l\sin h(\varphi) \end{cases} \qquad (4)$$

其中 v 是 $\overline{R}$ 在 y 轴上的投影，因此 v 也是 φ 的函数.

三、进一步分析定义

我们依据定义，对方程（4）中的一些要素进行分析，将得出我们前面已讲过的各种摆线.

1. 直线型摆线（母线为直线）

选择适当的坐标系，使点 O_1 在直线 $y = a$ 上运动，a 是常数，向量 $\overline{R}$ 在 x 轴上投影，就是点 O_1 在直线 $y = a$ 上运动的有向线段. $u = u_1 t = \dfrac{u_1 t\theta}{v_1}$ 在 y 轴上的投影 $v = a$.

若 φ 与 θ 的旋转方向相反时，所得点 M 的轨迹称为内摆线，如图 2 所示，所得方程如下

摆线族

$$\begin{cases} x = l\left(\dfrac{u_1}{v_1}\theta - \sin\theta\right) \\ y = a - l\cos\theta \end{cases} \tag{5}$$

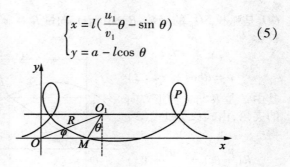

图 2

当 φ 和 θ 均按逆时针方向旋转,即 φ 和 θ 的旋转方向相同时,所得摆线称为外摆线(图3).

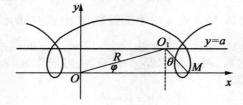

图 3

在方程(5)中:

当 $l > a$ 时,是长幅余摆线;

当 $l < a$ 时,是短幅余摆线;

当 $l = a$ 时,且 $u_1 = v_1$ 为单摆线.

其次,当 $u_1 < v_1$ 时,就出现绕扣,而当 $u_1 \geqslant v_1$ 时,不出现绕扣.所谓绕扣,就是摆线在某处自交,形成部分自行封闭图形,成为一个"绳环",如图2中 P 的部分.

2. 圆型摆线(母线为圆)

仍选择适当坐标系,使坐标原点与圆心重合,则母线方程为 $x^2 + y^2 = a^2$,a 为半径,点 O_1 的运动弧长

202

$SO_1 = u_1 t = \dfrac{u_1}{v_1}\theta l = a\varphi$, 即 $\theta = \dfrac{av_1}{lu_1}\varphi$. 由于 a, l, u_1, v_1 为常

数, 令 $\dfrac{av_1}{lu_1} = k$(常数), 即 $\theta = k\varphi$, 所以 θ 是 φ 的一次函

数. 由于母线为圆, 所以 $|\overline{R}| = a$. 由方程(4)得到此时

点 M 轨迹的参数方程为

$$\begin{cases} x = a\cos\varphi + l\cos k\varphi \\ y = a\sin\varphi + l\sin k\varphi \end{cases} \tag{6}$$

当 φ, θ 都按逆时针旋转时, $k > 0$, 点 M 的轨迹为

外摆线(图4).

当 φ, θ 旋转方向相反时, $k < 0$, 则点 M 的轨迹为

内摆线(图5).

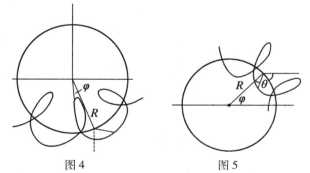

图4　　　　　　　　图5

对摆线方程(6)还需做一点分析:

(1)当 $k = 0$ 时, 消去参数 φ, 得 $(x - l)^2 + y^2 = a^2$,

此时其图形为以 $(l, 0)$ 为圆心, a 为半径的一个圆.

(2)当 $k = 1$ 时, 消去参数 φ, 摆线成为圆心在原

点, 半径为 $a + l$ 的圆, 其方程为 $x^2 + y^2 = (a + l)^2$.

(3)当 $k = 3$ 时, $l < \dfrac{a}{3}$, 则方程(6)变成

摆线族

$$\begin{cases} x = a\cos\varphi + l\cos 3\varphi \\ y = a\sin\varphi + l\sin 3\varphi \end{cases} \tag{7}$$

（4）当 $k = -1$ 时，摆线变成椭圆

$$\begin{cases} x = (a + l)\cos\varphi \\ y = (a - l)\sin\varphi \end{cases}$$

（5）当 $l = \dfrac{a}{2}, k = 2$ 时，就得到心脏线

$$\begin{cases} x = 2l\cos\varphi + l\cos 2\varphi \\ y = 2l\sin\varphi + l\sin 2\varphi \end{cases} \tag{8}$$

（6）当 $\dfrac{v_1}{u_1} = 1, l = c, a = c + d$ 时，$d > c$，那么 $k = 1 + \dfrac{d}{c}$ 得一般性摆线

$$\begin{cases} x = (c + d)\cos\varphi + c\cos\dfrac{c + d}{c}\varphi \\ y = (c + d)\sin\varphi + c\sin\dfrac{c + d}{c}\varphi \end{cases} \tag{9}$$

这是一种一般性的外摆线，也可用下列方法建立：一个以 d 为半径的定圆 O，一个以 c 为半径的动圆 O_1，O 与 O_1 外切，圆 O_1 在圆 O 上无滑动的滚动，则圆 O_1 上动点 M 的轨迹就是方程(9)．

（7）如图 6，若坐标系的原点放在母线的圆周上，横轴过母线的圆心，且取 $k = 1$，即 $\theta = \varphi$，则可建立如下的方程

$$\begin{cases} x = ON + NB = 2a\cos\varphi\cos\varphi + l\sin\varphi \\ y = BE + EM = 2a\cos\varphi\sin\varphi + l\sin\varphi \end{cases}$$

$$\Rightarrow \begin{cases} x = a\cos 2\varphi + l\cos\varphi + a \\ y = a\sin 2\varphi + l\sin\varphi \end{cases} \tag{10}$$

这就是蚶线，在方程(10)中，当 $l = 2a$ 时，得心脏线，可

见蚶线是一种特殊的外摆线,而心脏线又是蚶线的特例(图6).

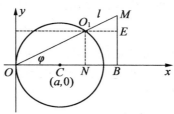

图 6

(8) 当 $\dfrac{v_1}{u_1} = -1, a = d - c, l = c, k = 1 - \dfrac{d}{c}$ 时,得

$$\begin{cases} x = (d - c)\cos\varphi + c\cos\dfrac{d-c}{c}\varphi \\ y = (a - c)\sin\varphi + c\sin\dfrac{d-c}{c}\varphi \end{cases} \quad (11)$$

方程(11)为内摆线,也可用下列方式建立:定圆 O 的半径为 d,动圆 O_1 的半径为 c,圆 O_1 内切于圆 O,在圆 O 内无滑动的滚动,则 O_1 上动点 M 的轨迹便是方程(11).

当 $d = \varphi c$ 时,方程(11)变成星形线

$$\begin{cases} x = a\cos^2\varphi \\ y = c\sin^3\varphi \end{cases} \quad (12)$$

§2 平面摆线的若干性质

一、封闭性问题

所谓封闭摆线,就是摆线的起点和终点重合,整个曲线成为一条封闭的曲线,若摆线是封闭的,则首先母

线应该是一条封闭曲线.下面讨论圆型摆线的封闭性.

定理 1 　圆型摆线封闭的充要条件是 $\dfrac{u_1 l}{v_1 a}$ 为一通约分数.

证明 　其充分性是很明显的,只需证其必要性.因圆型摆线都是由一些完全相同的拱形组成,两拱之间首尾相接组成摆线,若起点为 W, θ 每增加 2π 就重新出现一拱,由 $\theta = \dfrac{av_1}{lu_1}\varphi$ 得 $\varphi = \dfrac{lu_1}{av_1}\theta$.

当 θ 增加 2π 时, φ 就增加 $\dfrac{2\pi lu_1}{av_1}$,这表明 φ 增加 $\dfrac{2\pi lu_1}{av_1}$ 时,摆线就增加一拱,只要选择适当坐标系,总能使起点 W 对应于 $\varphi = 0$,而其他拱的端点对应于 $\varphi = \dfrac{lu_1 2\pi}{av_1}, \cdots, \dfrac{2P\pi lu_1}{av_1}(P \in \mathbf{N}_+)$.要使摆线的起点与终点重合,即第 1 拱的起点与最后一拱的终点重合,就必须存在 $p \cdot q(p, q \in \mathbf{N})$,使 $\dfrac{2P\pi lu_1}{av_1} = 2q\pi$,即

$$\frac{u_1 l}{v_1 a} = \frac{p}{q} \tag{13}$$

因 $p \cdot q \in \mathbf{N}_+$,所以 $\dfrac{u_1 l}{av_1}$ 为通约分数.

图形封闭摆线,有如下两种特殊形状:

(1)当 $\dfrac{lu_1}{av_1} = n \in \mathbf{N}_+$ 时,摆线成为一个无重叠拱形状的花圈状或多角星状(图 7(a)(花圈状),图 7(b)(多角星状)).

（2）当 $\dfrac{u_1}{v_1} = n, \dfrac{l}{a} = m\,(n, m \in \mathbf{N}_+)$ 时，摆线成为一种无重叠无绕扣的花圈形或多角星形（图 7（c）（花圈形），图 7（d）（多角星形）.

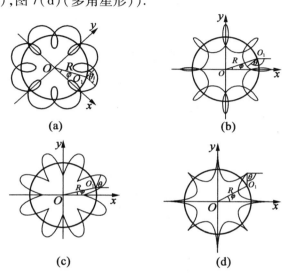

（a）　　　　　　　　　（b）

（c）　　　　　　　　　（d）

图 7

二、渐屈线问题

定理 2　直线型摆线的渐屈线是一条直线型的摆线，圆型摆线的渐屈线也是一种圆型的摆线.

证明　众所周知，渐屈线方程的一般形式为

$$\xi = x - \frac{y'(x'^2 + y'^2)}{x'y'' - y'x''}, n = y + \frac{x'(x'^2 + y'^2)}{x'y'' - y'x''} \quad (14)$$

将方程（5）方程代入（14）得

$$\xi = l\left(\frac{u_1}{v_1} - \sin\theta\right) - \frac{l\sin\theta\left(\dfrac{u_1^2}{v_1^2} - \dfrac{2u_1}{v_1}\cos\theta - 1\right)}{\dfrac{u_1}{v_1}\cos\theta - 1}$$

摆线族

$$n = (a - \cos\theta) + \frac{l(\frac{u_1}{v_1} - \cos\theta)(\frac{u_1^2}{v_1^2} - \frac{2u_1}{v_1}\cos\theta + 1)}{\frac{u_1}{v_1}\cos\theta - 1}$$

令

$$\frac{u_1}{v_1}\cos\theta = \frac{lu_1}{v_1}\sin\theta, \frac{lu_1}{v_1}\theta - \frac{l}{L}(\frac{u_1}{v_1} - \frac{v_1}{u_1}) = w\theta$$

$$l\sin\theta = \frac{\frac{u_1}{Lv_1} + \frac{v_1}{Lu_1}}{\frac{Lu_1}{v_1}\sin\theta - 1} = B\sin\theta$$

$$p = a - \frac{3u_1l}{v_1} - \frac{v_1l}{u_1}$$

$$Q = l[1 + (\frac{u_1^3}{v_1^3} - \frac{3u_1}{v_1} + \frac{v_1}{u_1})A]\cos\theta = \frac{1}{\frac{u_1}{v_1}\cos\theta - 1}$$

都代入上面的方程得

$$\begin{cases} \xi = w\theta - B\sin\theta \\ n = p + Q\cos\theta \end{cases} \tag{15}$$

由方程(15)可看出,直线型摆线的渐屈线是一条母线为 $y = p$ 的直线型摆线.

推论 1 当 $u_1 > v_1$ 时,$\frac{u_1}{v_1}\cos\theta - 1 \neq 0$,方程(15)是一条有绕扣的摆线.

推论 2 当 $u_1 < v_1$,$\theta = \arccos\frac{v_1}{u_1} + 2n\pi(n \in \mathbf{N}_+)$ 时,摆线在这些点不连续.

圆型部分,把方程(6)中的 θ,先顺时针旋转 $\frac{\pi}{2}$,再

建立如下方程

$$\begin{cases} x = a\cos\varphi - l\sin k\varphi \\ y = a\sin\varphi - l\cos k\varphi \end{cases} \tag{16}$$

将方程（14）代入，并令

$$A = \frac{a^2 + k^2 l^2 - 2lka\sin(k+1)\varphi}{\sqrt{k^3 l^2 - a^2} + (k-1)kla\sin(k+1)\varphi}$$

得

$$\begin{cases} \xi = a(1+A)\cos\varphi - l(1-kA)\sin k\varphi \\ n = a(1+A)\sin\varphi - l(1-kA)\sin(k+1)\varphi \end{cases} \tag{17}$$

方程（17）是一条圆型摆线且可看出，当原曲线为外摆线（或内摆线）时，渐屈线是一条内摆线（或外摆线）.

§3　面积计算

曲线围成的平面图形的面积的计算公式为

$$S = \int_a^b \frac{1}{2}(xy' - yx')\mathrm{d}t$$

一、直线型

把方程（5）化为外摆线方程，θ 由 $0 \to 2\pi$，得直线形外摆线一拱与 x 轴围成的图形的面积

$$S = l\pi\left(\frac{lu_1 + au_1}{v_1} + l\right) \tag{18}$$

当 $a = l$，$\dfrac{u_1}{v_1} = 1$ 时，得单摆线一拱与 x 轴围成图形的面积 $S = 3a^2\pi$.

二、圆型

将方程（6）代入积分公式，φ 由 $0 \to 2\pi$，得圆型摆

摆线族

线面积计算公式

$$S = (kl^2 + a^2)\pi + \frac{la(k+1)}{2(k-1)}\sin 2(k-1)\pi \quad (19)$$

1. 当 $l = c, a = c + d, d > c, R = \dfrac{c+d}{c}$ 时,得外摆线的

面积公式

$$S = (2c^2 + 3cd + d^2)\pi + \frac{c(2c^2 + 3cd + d^2)}{2d}\sin\frac{2d\pi}{c}$$
$$(20)$$

（1）当 $d = nc$ 时,得（n 弧花圈形面积公式）$S = (n^2 + 3n + 2)c^2\pi(n \in \mathbf{N}_+)$（图8）;

（2）当 $d = 2c$ 时,得 $S = l2c^2\pi$;

（3）当 $d = c$ 时,得心脏线面积公式 $S = 6c^2\pi$.

图8

2. 若式（19）中 $k = 0$ 时,得圆的面积公式

$$S = a^2\pi \qquad (21)$$

3. 若式（19）中 $k = -1$ 时,得椭圆的面积公式

$$S = (a+l)(a-l)\pi \qquad (22)$$

4. 将式（10）代入积分公式得蚶形线面积公式

$$S = (4a^2 + 2l^2)\pi \qquad (23)$$

5. 式（19）中,若 $l = c, a = d - c, k = 1 - \dfrac{d}{c}$ 得内摆线

面积公式

$$S = (2c^2 - 3cd + d^2)\pi - \frac{c(2c^2 - 3cd + d^2)}{2d}\sin\frac{2d\pi}{c}$$
$$(24)$$

上式中,当 $d = nc$ 时,得 n 角星形线面积公式 $S = (2 - 3n + n^2) c^2 \pi (n \in \mathbf{N}_+)$(图 9).

图 9

上式中,当 $n = 4$ 时,得星形线面积公式 $S = 6c^2 \pi$.

摆线的实际应用

通常,在前进的汽车的车轮上不可能有向后运动的点,因为汽车轮胎上的点的运动轨迹是普通摆线或短摆线. 但是,在高速前进的火车轮胎上却可以找到向后运动的点,因为火车车轮有其特殊的结构. 它由三层圆盘重叠而成,外层的两个圆盘半径大于内层圆盘的半径,当内层圆盘紧贴着钢轨前进时,外层圆盘上就存在一部分长摆线上的摆点,这种点是向后运动的.

在生产实践中,还可找到类似的现象. 例如,联合收割机前面的拔禾滚轮的运动就是长摆线. 我们能清楚地看到它是打着圈前进的. 首先扞入麦穗,再向右挑起麦秆让割刀切割后,最后垂直抽起,这就是拔禾滚轮的工作原理和过程.

不少农业机械,如水稻扞秧机爪排轴心的运动轨迹、旋耕机刀片端点的运动轨迹等都是摆线型曲线.

我们知道,卫星的运行轨道是椭圆,而太阳灶、汽车的车前灯、探照灯等都与

212

抛物线相关. 解析几何课本中都介绍了这些圆锥曲线在航天及工业中的应用. 但解析几何在机械方面的应用在课本上就没有介绍. 现在学习了摆线,容易理解解析几何在机械工业中的应用,进而了解工业革命是解析几何的普及和发展的原动力.

15 世纪的意大利艺术家、科学家达·芬奇发明了很多机械,也使用了齿轮(图 1). 但这个时期的齿轮,齿与齿之间不能啮合. 人们便想办法使其啮合,于是便加大了齿与齿之间的距离空隙,但这

图 1

过大的齿间空隙造成松弛现象. 为了使齿轮啮合得更好、更精确,人们便寻找各种曲线并想通过计算得到严密啮合的齿轮形状. 这引起了当代数学家的兴趣,使他们投入到了对齿轮的研究工作中. 1674 年,丹麦天文学家雷米尔发表了关于制造齿轮的基准线(摆线)的论述. 1766 年,法国数学家卡诺又发表了更详细的论述(解析几何中有一个著名的卡诺定理). 目前,机械工业中,大多数齿轮轮廓线都采用圆的渐开线. 但在精密的程度要求越高的工业中和仪表中就不宜用渐开线,应改用内、外摆线作为齿轮的齿廓线. 因摆线齿轮磨损少、传动平衡,具有省力、耐用和噪音小的特点. 所以目前机械手表中的齿轮都采用摆线齿轮. 在工业中被广泛采用的还有摆线针轮行星减速器、摆线液压马达等.

§1 齿轮

能相互啮合的有齿的机械零件,在机械传动及整个机械领域中有极其广泛的应用. 现代齿轮技术已达到相当精密的程度. 齿轮模数 m 在 $0.004 \sim 100$ mm 之间,齿轮直径在 1 mm ~ 150 m 之间. 传递功率可达 10 万 kW,转速可达 10^5 rad/min. 最高的圆周速度可达 300 m/min.

齿轮发展到今天,自有它的发展历史.

齿轮在传动系统中的应用在人类的早期已经开始. 公元前 300 多年,希腊哲学家亚里士多德在《机械问题》一书中,已论述了用青铜或铸铁齿轮传递旋转运动的问题. 中国的发明之一,指南车中已应用了整套的轮系. 诸葛亮的兵车中也用了齿轮,最早的龙骨车就是靠齿轮的转动. 不过古代的齿轮是铁制或木制的,一块圆木,四周扦上 $6 \sim 8$ 根横齿(图 2). 这种粗放的齿轮,转动时很不平衡,因齿轮向回转运动不吻

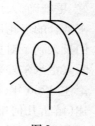

图 2

合,传动的平衡性极差,齿轮能承载的能力也很小. 随着生产实践的发展需求,人们对齿轮的传动平稳性的要求也越来越高,并开始进行深入地探讨研究. 1674 年,丹麦天文学家 O·罗然提出用外摆线作为齿轮的外廓线,以求得运转平稳的齿轮. 在这方面中国有点落伍了,因缺乏数学理论的支撑. 古代的数学停留于应用阶段,单纯研究各种计算技术,所以数学被称为算术.

直到清朝才引进了西方数学,由几何原本开始,各个数学分支逐渐在中国落户.到现在情况不同了,中国将成为数学大国、数学强国.数学知识的深入应用将弥补我们发动机制造中的短板,促使我们军事工业的突飞猛进.

18 世纪工业革命时期,随着蒸汽机的发明和应用,促使齿轮技术得到了高速的发展,人们对齿轮进行广泛地研究.1733 年,法国数学家 M·卡米发表了齿轮的齿廓啮合定理.1765 年,瑞士数学家 L·欧拉建议采用圆的渐开线作为齿轮的轮廓线.19 世纪出现的滚齿机和扦齿机,解决了大量生产中高精密度的齿轮问题.1900 年,H·普福特在滚齿机上装上差动装置,能在滚齿机上加工得到斜齿轮.从此,滚齿机用来滚切齿轮得到普及,展成法加工齿轮占了压倒性的优势,其中渐开线齿轮成为应用最广泛的齿轮.1899 年,O·拉舍最先实施了变位齿轮的方案.变位齿轮不仅能避免轮齿振动,还可以凑配中心距和提高齿轮的承载能力.1923 年,美国的 E·怀尔德·哈伯最先提出圆弧齿廓线的齿轮.1955 年,苏联 M·A·诺维科夫对圆弧齿轮做了深入研究,促使圆弧齿轮应用于生产实践中.圆弧齿轮也有它的好处,这种齿轮的承载能力和效率都较高,但尚不及渐开线齿轮那样易于制造,还有待进一步的研究和改进,扬其长避其短.下面介绍齿轮的有关术语.

轮齿(齿)——齿轮上的每一个用于啮合的凸起部分.一般说来,这些凸起部分呈辐射状排列.配对齿轮上轮齿互相接触,导致齿轮的持续啮合运转.

齿槽——齿轮上两相邻轮齿之间的空间.

摆线族

　　端面——在圆柱齿轮或圆柱蜗杆上垂直于齿轮或蜗杆轴线的平面.

　　法面——在齿轮上,法面指的是垂直于轮齿齿线的平面.

　　齿顶圆——齿顶端所在的圆.

　　齿根圆——槽底所在的圆.

　　基圆——形成渐开线的发生线在其上做纯滚动的圆.

　　分度圆——在端面内计算齿轮几何尺寸的基准圆,对于直齿轮,在分度圆上模数和压力角均为标准值.

　　齿面——轮齿上位于齿顶圆柱面和齿根圆柱面之间的侧表面.

　　齿廓——齿面被一指定曲面(对圆柱齿轮是平面)所截的截线.

　　齿线——齿面与分度圆柱面的交线.

　　端面齿距 p_t——相邻两同侧端面齿廓之间的分度圆弧长.

　　模数 m——齿距除以圆周率 π 所得到的商,以毫米计.

　　径节 p——模数的倒数,以英寸计.

　　齿厚 s——在端面上一个轮齿两侧齿廓之间的分度圆弧长.

　　槽宽 e——在端面上一个齿槽的两侧齿廓之间的分度圆弧长.

　　齿顶高 h_a——齿顶圆与分度圆之间的径向距离.

　　齿根高 h_f——分度圆与齿根圆之间的径向距离.

　　全齿高 h——齿顶圆与齿根圆之间的径向距离.

齿宽 b——轮齿沿轴向的尺寸.

端面压力角 a_t——过端面齿廓与分度圆的交点的径向线与过该点的齿廓切线所夹的锐角.

齿轮可按齿形、齿轮外形、齿线形状、齿轮所在的表面和制造方法进行分类,大致分类如下:

(1)齿轮的齿形包括齿廓曲线、压力角、齿高和变位.此为齿轮按齿形的分类.

渐开线齿轮比较容易制造,因此现代使用的齿轮中渐开线齿轮占绝对多数,而摆线齿轮和圆弧齿轮应用较少.在压力角方面,以前有些国家采用过 14.5° 和 15°,但是多数国家已统一规定为 20°.小压力角齿轮的承载能力较小,而大压力角齿轮,虽然承载能力较高,但在传递转矩相同的情况下轴承的负荷增大,因此大压力角齿轮仅用于特殊情况.齿高已标准化,一般均采用标准齿高.变位齿轮优点较多,已遍及各类机械设备中.

(2)齿轮按其外形分为圆柱齿轮、锥齿轮、非圆齿轮、齿条和蜗杆 - 蜗轮.

(3)按齿线形状齿轮分为直齿轮、斜齿轮、人字齿轮和曲线齿轮.

(4)按轮齿所在的表面齿轮分为外齿轮和内齿轮.外齿轮齿顶圆比齿根圆大;而内齿轮齿顶圆比齿根圆小.

(5)按制造方法齿轮分为铸造齿轮、切制齿轮、轧制齿轮和烧结齿轮等.

一、齿轮材料

材料和热处理对齿轮的承载能力和尺寸以及重量有很大的影响.20 世纪 50 年代前多用碳钢,60 年代改用合金钢,而 70 年代多用表面硬化钢. 齿面按硬度可区分为软齿面和硬齿面两种.

§2　渐开线齿轮

常见齿轮的牙齿,侧面轮廓大多做成圆的渐伸线. 工厂里把圆的渐伸线叫作圆的渐开线,所以这种齿轮叫作渐开线齿轮.

如图 3 所示,为一对渐开线齿轮啮合的情形. 点 O_1 和 O_2 分别是这两个齿轮的旋转中心,虚线画的圆是基圆. 齿轮 Ⅰ 每个牙齿两侧的轮廓曲线都是圆 O_1 的渐伸线,齿轮 Ⅱ 牙齿两侧的轮廓曲线是圆 O_2 的渐伸线. 设在某一瞬间这两个齿轮在点 M 接触,那么它们的齿廓曲线在点 M 有公共的切线,因

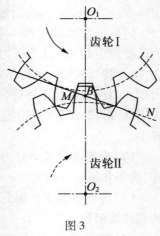

图 3

而也有公共的法线 MN. 根据圆的渐伸线的法线的性质,MN 必为基圆 O_1 和 O_2 的公切线,因而是一条定直线. 设 MN 与两圆连心线 O_1O_2 的交点为 B,则 B 是定点.

当主动齿轮 Ⅰ 旋转时,在接触点 M 沿齿廓法线 MN 方向推动齿轮 Ⅱ,使齿轮 Ⅱ 跟着它旋转. 在旋转的过程中按触点 M 的位置不断变化,但是齿轮 Ⅰ 对齿轮

Ⅱ的推力始终通过定点 B. 这种受力情况,相当于摩擦轮传动:假想一对橡皮轮,其中一个的圆心是 O_1,半径是 O_1B,另一个的圆心是 O_2,半径是 O_2B,那么当第一个橡皮轮转动时,由于摩擦力作用,在点 B 处始终有一个推力作用到第二个橡皮轮上,它跟随着转动. 这两个转动的橡皮轮,在接触点 B 的线速相同,因而旋转的角速度总是与它们的半径成反比. 由此,渐开线齿轮Ⅰ和Ⅱ旋转的角速度之比,也总是等于 $O_2B:O_1B$,这是一个定值,与时间无关. 这样就能保证当齿轮Ⅰ在旋转时,齿轮Ⅱ的旋转也是匀速的.

主动齿轮旋转的角速度与从动齿轮旋转的角速度的比叫作传动比. 如果齿轮的齿廓曲线没有经过特殊选择,一般说来,在不同瞬间的传动比也是不同的. 但是如果选圆的渐伸线作齿廓曲线,就能得到固定的传动比,使得过程平稳,并且能得到具有预期的角速度的匀速旋转.

§3 摆线齿轮

钟表和某些其他仪表中的齿轮,齿廓曲线不用圆的渐伸线,而是采用外摆线和内摆线. 这样的齿轮叫作摆线齿轮.

由一对摆线齿轮组成的齿轮传动. 摆线齿轮的齿廓由内摆线或外摆线组成,如图 4 所示,滚圆 S 在节圆 O_{J1} 外滚动形成齿顶曲线 bc,在节圆 O_{J2} 内滚动形成齿根曲线 aa';同样,滚圆 Q 在 O_{J1} 内滚动形成齿根曲线 bb',在 O_{J2} 外滚动形成齿顶曲线 ad. 这样的轮齿接触传

摆线族

动相当于一对大小为 O_{J1} 和 O_{J2} 的摩擦轮互相滚动. 摆线齿轮传动大多用于钟表和某些仪器,与一般齿轮传动相比,它的特点是:(1)传动时,一对齿廓中凹的内摆线与凸的外摆线啮合,因而接触应力小,磨损均匀;(2)齿廓的重合度较大,有利于弯曲强度的改善;(3)无根切现象,最少齿数不受限制,故结构紧凑,也可得到较大的传动比;(4)对啮合齿轮的中心距要求较高,若不能保证轮齿正确啮合,会影响定传动比传动;(5)这种传动的啮合线是圆弧的一部分,啮合角是变化的,故轮齿承受的是交变作用力,影响传动平稳性;(6)摆线齿轮的制造精度要求较高.

摆线齿轮传动分内外啮合和齿条啮合两种. 齿条的齿顶和齿根都是滚圆在直线上滚成的摆线. 这种传动还有一些变形齿廓,如图 5 所示,滚圆尺寸对齿根曲线有影响. 齿廓 I 的滚圆小,齿根部两侧曲线外伸,齿廓 II 的滚圆直径恰等于节圆半径,内摆线变成一条节圆的半径线. 如果再用圆弧代替齿顶的外摆线,轮齿即变成圆和直线的组合,加工就很方便,可用成形铣刀铣削或用冲压等方法制造. 如图 6 所示,针轮传动的节圆 O_{J2} 同时作为齿轮 1 的滚圆,另一滚圆半径为零. 当 O_{J2} 在 O_{J1} 上滚动时,圆周上一点 a 在齿轮 1 上画外摆线,但由于轮齿要传递运动和力,点 a 要用圆销来代替. 这时 aa' 只是齿轮 1 的理论齿廓,它的实际齿廓是圆销中心在 aa' 上运动时所形成的一条等距曲线. 如果节圆 O_{J2} 的半径变为无穷大,针轮变为带有圆柱轮齿的齿条,这时齿轮 1 的齿廓便变为渐开线.

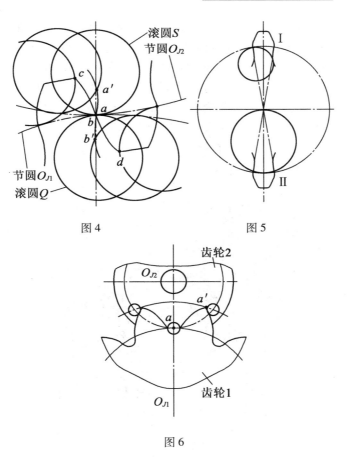

图 4　　　　　　　　　　图 5

图 6

§4　行星传动齿轮

　　一个或一个以上齿轮的轴线绕另一齿轮的固定轴线回转的齿轮传动,见图 7(a)(运动简图)和图 7(b)(结构图).行星轮 c 既绕自身的轴线回转,又随行星

221

摆线族

架 x 绕固定轴线回转. 太阳轮 a, 行星架和内齿轮 b 都可绕共同的固定轴线回转,并可与其他构件联结承受外加力矩,它们是这种轮系的三个基本构件. 三者如果都不固定,确定机械运动时,需要给出两个构件的角速度,这种传动称差动轮系;如果固定内齿轮 b 或太阳轮 a,则称行星轮系. 通常这两种轮系都称行星齿轮传动.

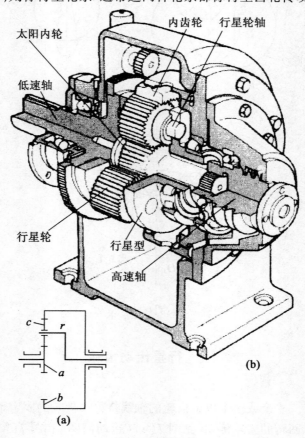

太阳内轮
内齿轮 行星轮轴
低速轴
行星轮
行星型
高速轴
(b)

c r
a
b
(a)

图 7   行星齿轮传动

222

一、特点和类型

行星齿轮传动的主要特点是体积小、承载能力大、工作平稳,但大功率高速行星齿轮传动结构较复杂,要求制造精度高. 行星齿轮传动中有些类型效率高,但传动比不大. 另一些类型则传动比可以很大,但效率较低,用它们作减速器时,其效率随传动比的增大而减小;作增速器时则有可能产生自锁. 差动轮系可以把两个给定运动合成起来,也可把一个给定运动按照要求分解成两个基本构件的运动. 汽车差速器就是分解运动的例子. 行星齿轮传动应用广泛,并可与无级变速器、液力耦合器和液力变矩器等联合使用,进一步扩大使用范围.

二、传动比

行星齿轮传动的传动比为

$$i_{ab}^{X} = \frac{\omega_a - \omega_x}{\omega_b - \omega_x}$$

$$= (-1)^m \frac{\text{在 } a,b \text{ 间从动轮齿数的连乘积}}{\text{在 } a,b \text{ 间主动轮齿数的连乘积}}$$

§5　余摆线真空泵

余摆线型转子在泵腔内做行星运动,使工作室容积周期性变化以实现抽气的真空泵. 它主要由泵体和转子构成. 图 8(a)(原理示意图)和图 8(b)(传动机构示意图)为余摆线真空泵的工作原理和传动机构. 转子的型线为余摆线,泵腔型线为转子型线的外包络线. 转子上的内齿轮与固定在泵盖上的小齿轮啮合. 当转动轴旋转时,偏心轮即带动内齿轮(即转子)绕小齿轮做行星运动. 泵体点 M 永远与转子表面接触, 将泵腔分隔成两个工作室 A 和 B. 当转子逆时针方向旋转时, 与排气口相通的 B 室内的气体逐渐被压缩, 压力逐渐升高. 当压力升高到大气压力时, 气体即推开排气阀排出泵外. 同时, A 室内的气体压力则逐渐降低, 于是被抽气体从吸气口源源不断地吸进, 直至吸气口被转子表面隔离而终了. 转子连续不断地旋转, 泵即连续抽气. 在泵腔内各运动件表面间用油膜密封, 所以这种泵是一种油封式机械真空泵. 余摆线真空泵的极限压力可达 1 Pa, 在压力为 $10^3 \sim 13$ Pa 时可达到额定抽气速率. 工作压力范围为 $10^5 \sim 1$ Pa.

余摆线真空泵由于结构复杂、制造困难, 推广使用受到一定的限制, 但它具有运转平稳、噪声小、体积和重量小(与相同抽速的滑阀真空泵比较体积和重量均减小1/3), 以及比功率小等优点. 它同其他油封式机械真空泵一样, 可单独使用或作为扩散泵和增压泵等的前级泵. 因此, 在真空冶炼、真空热处理、真空干燥和真空浸渍, 以及化工和食品事业中有广泛的应用.

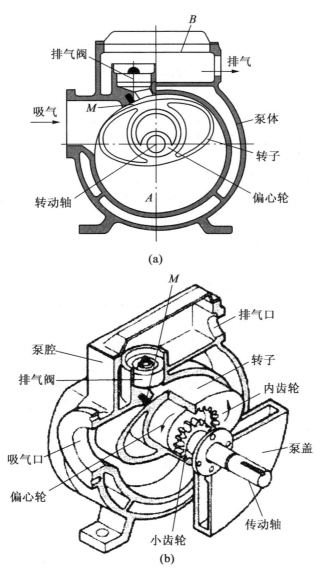

(a)

(b)

图 8　余摆线真空泵图

225

§6 摆线针轮传动

由外齿轮齿廓为变态摆线,内齿轮轮齿为圆销的一对内啮合齿轮和输出机构所组成的行星齿轮传动.除齿轮的齿廓外,其他结构与少齿差行星齿轮传动相同.摆线针轮行星减速器的传动比约为 6 ~ 87,效率一般为 0.9 ~ 0.94.图 9 为轮齿曲线的形成原理.发生圆在基圆上滚动,若 $\overline{OM'}$ 大于 r_1,点 M' 画出的是长幅外摆线;若 $\overline{OM''}$ 小于 r_1,点 M'' 画出的是短幅外摆线.用这些摆线中一根曲线上的任意点作为圆心,以针齿半径 r_z 为半径画一系列圆,而后作一根与这一系列圆相切的曲线,得到的就是相应的长幅外摆线齿廓或短幅外摆线齿廓,其中短幅外摆线齿廓应用最广.用整条短幅外摆线作齿廓时,针轮和摆线轮的齿数差仅为 1,而且理论上针轮有一半的齿数都与摆线轮齿同时啮合传动.但如果用部分曲线为齿廓就可得到两齿差和三齿差的摆线针轮传动.用长幅外摆线的一部分作轮齿曲线时,其齿廓与圆近似,并与针齿半径相差不大,因此可用它的密切圆弧代替.摆线针轮传动的优点是传动比大、结构紧凑、效率高、运转平稳和寿命长.

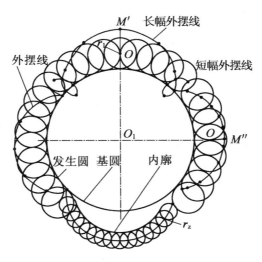

图 9 轮齿曲线的形成

§7 农业机械中的长幅摆线

很多农业机械在工作时,都有一些部件在绕着自己的轴旋转,这些部件又随着整个机具一起向前做匀速直线运动. 在这些一边旋转一边前进的部件上,每个点都在空中画出一条摆线或变幅摆线.

农业机械里经常要用到长幅摆线,而且主要应用它的绕扣部分. 例如,图 10 是卧式旋耕机的工作原理示意图. 从图中可以看出,卧式旋耕机的每把刀片画出一条长幅摆线,它的绕扣部分很大. 调整旋转轴的高度,可以使刀片在绕扣最宽的地方入土,翻松绕扣下半截的泥土后,再露出地面. 四把刀片画出的四条长幅摆线顺次错开,绕扣部分互相重叠,实现了连续翻耕土地的动作. 在这种机具上只有利用长幅摆线才行. 如果刀尖的运动轨迹不是长幅摆线,而是普通摆或短幅摆线,那么就不能进行翻土的动作.

又如联合收割机的拨禾板,一面跟随联合收割机前进,一面绕自己的轴旋转,拨禾板要能沿竖直方向插入禾丛,把

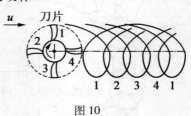

图 10

禾秆引向切割器,并把割断的禾秆向后推送. 所以拨禾板的外端也应该描绘长幅摆线,并且在绕扣部分的下半截曲线弧上进行工作.

数学的应用无处不在,正如华罗庚说:"宇宙之大、粒子之微、火箭之速、化工之巧、地球之变、生物之谜、日用之繁等各个方面无处不有数学的重要贡献."

在欧洲还成立了"欧洲工业数学联合会"以加强数学与工业的联系,同时培养工业数学家去满足工业对数学的要求. 在他们的一篇有关报告中,列举了工业中提出的 20 个数学问题,其中包括:齿轮设计、冷轧钢板的焊接、海堤安全高度计算、密码问题、自动生产线设计、化工厂中定常态的决定、连接铸造的控制、霜冻起伏的预测、发动机中汽轮机构件和电学绘图等等,数学早已渗透到各门学科中了.

§8　中国古代的齿轮的应用

我国齿轮的应用可追溯到战国时代,这里略做介绍.

228

　　1. 考古发现,战国末年到西汉初,我国已经使用铜和铁铸造齿轮,东汉初年有人用了人字齿轮.

　　西汉刘歆的《西京杂记》中记载的指南车(图 11)和记道车(图 12)都使用了齿轮传动系统.

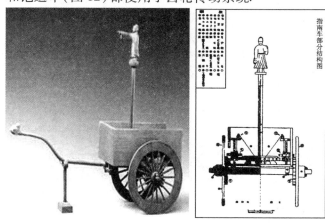

指南车部分结构图

图 11　指南车及其内部结构图

图 12　记道车

指南车利用机械传动结构,使得本体无论如何转动,车上的指示均指向固定方向,是世界上最早的控制论机械之一.

2. 公元 31 年,东汉人发明了用水排以鼓风炼铁.水排是以卧式(或立式)用水轮带动皮囊鼓风的机械装置(图 13).这是机械工程发展史上的重要创造,要早于欧洲类似的机械约 1200 年.对我国冶铁业的发展起到了重要的作用.

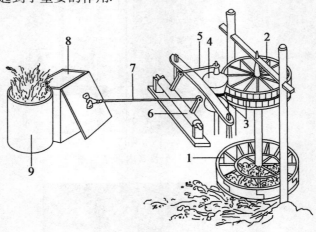

图 13

3. 三国时期的魏人马钧是我国古代著名的机械制造专家.他改造了当时的织绫机,使工效提高了 4～5 倍,改进了当时最先进的生产工具——翻车(龙骨水车),还创造了先进的武器——连续抛石机,可连续抛出石头数十块.

公元三世纪时,我国已发明了应用凸轮传动的方法,来制造以水轮为动力的"连机碓"(舂米机器).

晋代时期,刘景宣发明了用一头牛同时带动八个磨的"连转磨"(图 14).所有这些机械都应用了齿轮

230

的传动系统.

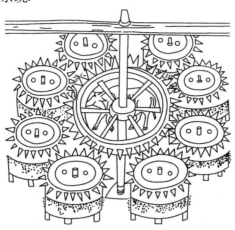

图 14　八磨图

4. 公元 1090 年,北宋的苏颂(1020—1101)在《新仪象法要》的下卷中记载了他和韩公廉所制的"水运仪象台"(图 15),这是世界上第一座结构复杂的活动天文台,可用于观测天象和自动演示天象运行的情况. 它还是能自动报时的大型天文钟,其中有擒纵装置,是近代钟表中重要的机件擒纵器的前身.

5. 公元 1130 ~ 1135 年间,南宋杨幺起义军建造了具有 20 至 40 个桨轮的脚踏车船(图 16),船长 20 ~ 30 丈,速度快,机动性强,可载 700 ~ 800 人. 他们在洞度湖上大败官兵.

以上介绍了几例我国古代教学应用的实例. 我国古代数学广泛地应用是我们数学发展中的一大特色,欠缺的是对实际问题做理论思考,阻滞了数学的发展. 任何一门学科都是这样,对基础理论深入地研究,才能推动学科的发展. 强调数学的应用,也切不可只对基础理论做深入地研发,应该应用与理论互相促进才行.

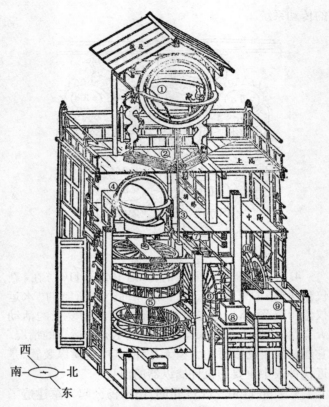

①浑仪 ②鳌云、圭表 ③天柱 ④浑像、地柜
⑤昼夜机轮 ⑥枢轮 ⑦天衡、天锁 ⑧水平壶
⑨天池 ⑩河车、天河、升水上轮

图 15　水运仪象台复原透视图

图 16

结束语

　　摆线族的基本性质在本书中做了粗浅的系统的介绍,也提供了一个如何用解析几何微积分知识研究曲线性质的一个范例.在书的开头我就指出摆线族在我们生活中是经常会遇到的,所举的几个例子不过是沧海之一粟.摆线在工、农业生产中,在科学实验中的广泛应用还应更进一步地去探索.

　　本书中提到的摆线族只是局限于由圆沿着直线或圆弧滚动后得到的有关结论,聪明的读者必会想到,如果动圆沿着其他曲线滚动,如椭圆、双曲线……,那将产生什么样的摆线呢?它们又将具有什么样的形状和特殊的性质呢?在最后一章中,我们初步给出了在一般曲线 $f(x,y)=$

234

0 上滚动的摆线族方程.

　　希望大家在摆线族的天地里创造出奇迹来.

　　数学在实践中的应用是大有可为的.

哈尔滨工业大学出版社刘培杰数学工作室
已出版(即将出版)图书目录

书　名	出版时间	定　价	编号
新编中学数学解题方法全书(高中版)上卷	2007－09	38.00	7
新编中学数学解题方法全书(高中版)中卷	2007－09	48.00	8
新编中学数学解题方法全书(高中版)下卷(一)	2007－09	42.00	17
新编中学数学解题方法全书(高中版)下卷(二)	2007－09	38.00	18
新编中学数学解题方法全书(高中版)下卷(三)	2010－06	58.00	73
新编中学数学解题方法全书(初中版)上卷	2008－01	28.00	29
新编中学数学解题方法全书(初中版)中卷	2010－07	38.00	75
新编中学数学解题方法全书(高考复习卷)	2010－01	48.00	67
新编中学数学解题方法全书(高考真题卷)	2010－01	38.00	62
新编中学数学解题方法全书(高考精华卷)	2011－03	68.00	118
新编平面解析几何解题方法全书(专题讲座卷)	2010－01	18.00	61
新编中学数学解题方法全书(自主招生卷)	2013－08	88.00	261
数学眼光透视	2008－01	38.00	24
数学思想领悟	2008－01	38.00	25
数学应用展观	2008－01	38.00	26
数学建模导引	2008－01	28.00	23
数学方法溯源	2008－01	38.00	27
数学史话览胜	2008－01	28.00	28
数学思维技术	2013－09	38.00	260
从毕达哥拉斯到怀尔斯	2007－10	48.00	9
从迪利克雷到维斯卡尔迪	2008－01	48.00	21
从哥德巴赫到陈景润	2008－05	98.00	35
从庞加莱到佩雷尔曼	2011－08	138.00	136
数学解题中的物理方法	2011－06	28.00	114
数学解题的特殊方法	2011－06	48.00	115
中学数学计算技巧	2012－01	48.00	116
中学数学证明方法	2012－01	58.00	117
数学趣题巧解	2012－03	28.00	128
三角形中的角格点问题	2013－01	88.00	207
含参数的方程和不等式	2012－09	28.00	213

I

哈尔滨工业大学出版社刘培杰数学工作室
已出版(即将出版)图书目录

书 名	出版时间	定 价	编号
数学奥林匹克与数学文化(第一辑)	2006—05	48.00	4
数学奥林匹克与数学文化(第二辑)(竞赛卷)	2008—01	48.00	19
数学奥林匹克与数学文化(第二辑)(文化卷)	2008—07	58.00	36′
数学奥林匹克与数学文化(第三辑)(竞赛卷)	2010—01	48.00	59
数学奥林匹克与数学文化(第四辑)(竞赛卷)	2011—08	58.00	87
数学奥林匹克与数学文化(第五辑)	2014—09		370
发展空间想象力	2010—01	38.00	57
走向国际数学奥林匹克的平面几何试题诠释(上、下)(第1版)	2007—01	68.00	11,12
走向国际数学奥林匹克的平面几何试题诠释(上、下)(第2版)	2010—02	98.00	63,64
平面几何证明方法全书	2007—08	35.00	1
平面几何证明方法全书习题解答(第1版)	2005—10	18.00	2
平面几何证明方法全书习题解答(第2版)	2006—12	18.00	10
平面几何天天练上卷·基础篇(直线型)	2013—01	58.00	208
平面几何天天练中卷·基础篇(涉及圆)	2013—01	28.00	234
平面几何天天练下卷·提高篇	2013—01	58.00	237
平面几何专题研究	2013—07	98.00	258
最新世界各国数学奥林匹克中的平面几何试题	2007—09	38.00	14
数学竞赛平面几何典型题及新颖解	2010—07	48.00	74
初等数学复习及研究(平面几何)	2008—09	58.00	38
初等数学复习及研究(立体几何)	2010—06	38.00	71
初等数学复习及研究(平面几何)习题解答	2009—01	48.00	42
世界著名平面几何经典著作钩沉——几何作图专题卷(上)	2009—06	48.00	49
世界著名平面几何经典著作钩沉——几何作图专题卷(下)	2011—01	88.00	80
世界著名平面几何经典著作钩沉(民国平面几何老课本)	2011—03	38.00	113
世界著名解析几何经典著作钩沉——平面解析几何卷	2014—01	38.00	273
世界著名数论经典著作钩沉(算术卷)	2012—01	28.00	125
世界著名数学经典著作钩沉——立体几何卷	2011—02	28.00	88
世界著名三角学经典著作钩沉(平面三角卷Ⅰ)	2010—06	28.00	69
世界著名三角学经典著作钩沉(平面三角卷Ⅱ)	2011—01	38.00	78
世界著名初等数论经典著作钩沉(理论和实用算术卷)	2011—07	38.00	126
几何学教程(平面几何卷)	2011—03	68.00	90
几何学教程(立体几何卷)	2011—07	68.00	130
几何变换与几何证题	2010—06	88.00	70
计算方法与几何证题	2011—06	28.00	129
立体几何技巧与方法	2014—04	88.00	293
几何瑰宝——平面几何500名题暨1000条定理(上、下)	2010—07	138.00	76,77
三角形的解法与应用	2012—07	18.00	183
近代的三角形几何学	2012—07	48.00	184
一般折线几何学	即将出版	58.00	203
三角形的五心	2009—06	28.00	51
三角形趣谈	2012—08	28.00	212
解三角形	2014—01	28.00	265
三角学专门教程	2014—09	28.00	387
距离几何分析导引	2015—02	68.00	446

书　名	出版时间	定价	编号
圆锥曲线习题集(上册)	2013—06	68.00	255
圆锥曲线习题集(中册)	2015—01	78.00	434
圆锥曲线习题集(下册)	即将出版		
俄罗斯平面几何问题集	2009—08	88.00	55
俄罗斯立体几何问题集	2014—03	58.00	283
俄罗斯几何大师——沙雷金论数学及其他	2014—01	48.00	271
来自俄罗斯的5000道几何习题及解答	2011—03	58.00	89
俄罗斯初等数学问题集	2012—05	38.00	177
俄罗斯函数问题集	2011—03	38.00	103
俄罗斯组合分析问题集	2011—01	48.00	79
俄罗斯初等数学万题选——三角卷	2012—11	38.00	222
俄罗斯初等数学万题选——代数卷	2013—08	68.00	225
俄罗斯初等数学万题选——几何卷	2014—01	68.00	226
463个俄罗斯几何老问题	2012—01	28.00	152
近代欧氏几何学	2012—03	48.00	162
罗巴切夫斯基几何学及几何基础概要	2012—07	28.00	188
超越吉米多维奇——数列的极限	2009—11	48.00	58
超越普里瓦洛夫——留数卷	2015—01	28.00	437
Barban Davenport Halberstam 均值和	2009—01	40.00	33
初等数论难题集(第一卷)	2009—05	68.00	44
初等数论难题集(第二卷)(上、下)	2011—02	128.00	82,83
谈谈素数	2011—03	18.00	91
平方和	2011—03	18.00	92
数论概貌	2011—03	18.00	93
代数数论(第二版)	2013—08	58.00	94
代数多项式	2014—06	38.00	289
初等数论的知识与问题	2011—02	28.00	95
超越数论基础	2011—03	28.00	96
数论初等教程	2011—03	28.00	97
数论基础	2011—03	18.00	98
数论基础与维诺格拉多夫	2014—03	18.00	292
解析数论基础	2012—08	28.00	216
解析数论基础(第二版)	2014—01	48.00	287
解析数论问题集(第二版)	2014—05	88.00	343
解析几何研究	2015—01	38.00	425
初等几何研究	2015—02	58.00	444
数论入门	2011—03	38.00	99
数论开篇	2012—07	28.00	194
解析数论引论	2011—03	48.00	100
复变函数引论	2013—10	68.00	269

哈尔滨工业大学出版社刘培杰数学工作室
已出版(即将出版)图书目录

书　名	出版时间	定　价	编号
无穷分析引论(上)	2013—04	88.00	247
无穷分析引论(下)	2013—04	98.00	245
数学分析	2014—04	28.00	338
数学分析中的一个新方法及其应用	2013—01	38.00	231
数学分析例选:通过范例学技巧	2013—01	88.00	243
三角级数论(上册)(陈建功)	2013—01	38.00	232
三角级数论(下册)(陈建功)	2013—01	48.00	233
三角级数(哈代)	2013—06	48.00	254
基础数论	2011—03	28.00	101
超越数	2011—03	18.00	109
三角和方法	2011—03	18.00	112
谈谈不定方程	2011—05	28.00	119
整数论	2011—05	38.00	120
随机过程(Ⅰ)	2014—01	78.00	224
随机过程(Ⅱ)	2014—01	68.00	235
整数的性质	2012—11	38.00	192
初等数论100例	2011—05	18.00	122
初等数论经典例题	2012—07	18.00	204
最新世界各国数学奥林匹克中的初等数论试题(上、下)	2012—01	138.00	144,145
算术探索	2011—12	158.00	148
初等数论(Ⅰ)	2012—01	18.00	156
初等数论(Ⅱ)	2012—01	18.00	157
初等数论(Ⅲ)	2012—01	28.00	158
组合数学	2012—04	28.00	178
组合数学浅谈	2012—03	28.00	159
同余理论	2012—05	38.00	163
丢番图方程引论	2012—03	48.00	172
平面几何与数论中未解决的新老问题	2013—01	68.00	229
法雷级数	2014—08	18.00	367
代数数论简史	2014—11	28.00	408
摆线族	2015—01	38.00	438
拉普拉斯变换及其应用	2015—02	38.00	447
历届美国中学生数学竞赛试题及解答(第一卷)1950—1954	2014—07	18.00	277
历届美国中学生数学竞赛试题及解答(第二卷)1955—1959	2014—04	18.00	278
历届美国中学生数学竞赛试题及解答(第三卷)1960—1964	2014—06	18.00	279
历届美国中学生数学竞赛试题及解答(第四卷)1965—1969	2014—04	28.00	280
历届美国中学生数学竞赛试题及解答(第五卷)1970—1972	2014—06	18.00	281
历届美国中学生数学竞赛试题及解答(第七卷)1981—1986	2015—01	18.00	424

哈尔滨工业大学出版社刘培杰数学工作室
已出版（即将出版）图书目录

书　　名	出版时间	定　价	编号
历届 IMO 试题集(1959—2005)	2006—05	58.00	5
历届 CMO 试题集	2008—09	28.00	40
历届中国数学奥林匹克试题集	2014—10	38.00	394
历届加拿大数学奥林匹克试题集	2012—08	38.00	215
历届美国数学奥林匹克试题集：多解推广加强	2012—08	38.00	209
保加利亚数学奥林匹克	2014—10	38.00	393
圣彼得堡数学奥林匹克试题集	2015—01	48.00	429
历届国际大学生数学竞赛试题集(1994—2010)	2012—01	28.00	143
全国大学生数学夏令营数学竞赛试题及解答	2007—03	28.00	15
全国大学生数学竞赛辅导教程	2012—07	28.00	189
全国大学生数学竞赛复习全书	2014—04	48.00	340
历届美国大学生数学竞赛试题集	2009—03	88.00	43
前苏联大学生数学奥林匹克竞赛题解（上编）	2012—04	28.00	169
前苏联大学生数学奥林匹克竞赛题解（下编）	2012—04	38.00	170
历届美国数学邀请赛试题集	2014—01	48.00	270
全国高中数学竞赛试题及解答. 第1卷	2014—07	38.00	331
大学生数学竞赛讲义	2014—09	28.00	371
高考数学临门一脚（含密押三套卷）（理科版）	2015—01	24.80	421
高考数学临门一脚（含密押三套卷）（文科版）	2015—01	24.80	422
整函数	2012—08	18.00	161
多项式和无理数	2008—01	68.00	22
模糊数据统计学	2008—03	48.00	31
模糊分析学与特殊泛函空间	2013—01	68.00	241
受控理论与解析不等式	2012—05	78.00	165
解析不等式新论	2009—06	68.00	48
反问题的计算方法及应用	2011—11	28.00	147
建立不等式的方法	2011—03	98.00	104
数学奥林匹克不等式研究	2009—08	68.00	56
不等式研究（第二辑）	2012—02	68.00	153
初等数学研究（Ⅰ）	2008—09	68.00	37
初等数学研究（Ⅱ）（上、下）	2009—05	118.00	46,47
中国初等数学研究　2009卷（第1辑）	2009—05	20.00	45
中国初等数学研究　2010卷（第2辑）	2010—05	30.00	68
中国初等数学研究　2011卷（第3辑）	2011—07	60.00	127
中国初等数学研究　2012卷（第4辑）	2012—07	48.00	190
中国初等数学研究　2014卷（第5辑）	2014—02	48.00	288
数阵及其应用	2012—02	28.00	164
绝对值方程—折边与组合图形的解析研究	2012—07	48.00	186
不等式的秘密（第一卷）	2012—02	28.00	154
不等式的秘密（第一卷）（第2版）	2014—02	38.00	286
不等式的秘密（第二卷）	2014—01	38.00	268

哈尔滨工业大学出版社刘培杰数学工作室
已出版(即将出版)图书目录

书　　名	出版时间	定　价	编号
初等不等式的证明方法	2010—06	38.00	123
初等不等式的证明方法(第二版)	2014—11	38.00	407
数学奥林匹克在中国	2014—06	98.00	344
数学奥林匹克问题集	2014—01	38.00	267
数学奥林匹克不等式散论	2010—06	38.00	124
数学奥林匹克不等式欣赏	2011—09	38.00	138
数学奥林匹克超级题库(初中卷上)	2010—01	58.00	66
数学奥林匹克不等式证明方法和技巧(上、下)	2011—08	158.00	134,135
近代拓扑学研究	2013—04	38.00	239
新编640个世界著名数学智力趣题	2014—01	88.00	242
500个最新世界著名数学智力趣题	2008—06	48.00	3
400个最新世界著名数学最值问题	2008—09	48.00	36
500个世界著名数学征解问题	2009—06	48.00	52
400个中国最佳初等数学征解老问题	2010—01	48.00	60
500个俄罗斯数学经典老题	2011—01	28.00	81
1000个国外中学物理好题	2012—04	48.00	174
300个日本高考数学题	2012—05	38.00	142
500个前苏联早期高考数学试题及解答	2012—05	28.00	185
546个早期俄罗斯大学生数学竞赛题	2014—03	38.00	285
548个来自美苏的数学好问题	2014—11	28.00	396
博弈论精粹	2008—03	58.00	30
数学 我爱你	2008—01	28.00	20
精神的圣徒　别样的人生——60位中国数学家成长的历程	2008—09	48.00	39
数学史概论	2009—06	78.00	50
数学史概论(精装)	2013—03	158.00	272
斐波那契数列	2010—02	28.00	65
数学拼盘和斐波那契魔方	2010—07	38.00	72
斐波那契数列欣赏	2011—01	28.00	160
数学的创造	2011—02	48.00	85
数学中的美	2011—02	38.00	84
数论中的美学	2014—12	38.00	351
王连笑教你怎样学数学:高考选择题解题策略与客观题实用训练	2014—01	48.00	262
王连笑教你怎样学数学:高考数学高层次讲座	2015—02	48.00	432
最新全国及各省市高考数学试卷解法研究及点拨评析	2009—02	38.00	41
高考数学的理论与实践	2009—08	38.00	53
中考数学专题总复习	2007—04	28.00	6
向量法巧解数学高考题	2009—08	28.00	54
高考数学核心题型解题方法与技巧	2010—01	28.00	86
高考思维新平台	2014—03	38.00	259
数学解题——靠数学思想给力(上)	2011—07	38.00	131
数学解题——靠数学思想给力(中)	2011—07	48.00	132
数学解题——靠数学思想给力(下)	2011—07	38.00	133
我怎样解题	2013—01	48.00	227

哈尔滨工业大学出版社刘培杰数学工作室
已出版(即将出版)图书目录

书　名	出版时间	定　价	编号
和高中生漫谈：数学与哲学的故事	2014－08	28.00	369
2011 年全国及各省市高考数学试题审题要津与解法研究	2011－10	48.00	139
2013 年全国及各省市高考数学试题解析与点评	2014－01	48.00	282
新课标高考数学——五年试题分章详解(2007～2011)(上、下)	2011－10	78.00	140,141
30 分钟拿下高考数学选择题、填空题(第二版)	2012－01	28.00	146
全国中考数学压轴题审题要津与解法研究	2013－04	78.00	248
新编全国及各省市中考数学压轴题审题要津与解法研究	2014－05	58.00	342
高考数学压轴题解题诀窍(上)	2012－02	78.00	166
高考数学压轴题解题诀窍(下)	2012－03	28.00	167
自主招生考试中的参数方程问题	2015－01	28.00	435
近年全国重点大学自主招生数学试题全解及研究.华约卷	2015－02	38.00	441
近年全国重点大学自主招生数学试题全解及研究.北约卷	即将出版		
格点和面积	2012－07	18.00	191
射影几何趣谈	2012－04	28.00	175
斯潘纳尔引理——从一道加拿大数学奥林匹克试题谈起	2014－01	28.00	228
李普希兹条件——从几道近年高考数学试题谈起	2012－10	18.00	221
拉格朗日中值定理——从一道北京高考试题的解法谈起	2012－10	18.00	197
闵科夫斯基定理——从一道清华大学自主招生试题谈起	2014－01	28.00	198
哈尔测度——从一道冬令营试题的背景谈起	2012－08	28.00	202
切比雪夫逼近问题——从一道中国台北数学奥林匹克试题谈起	2013－04	38.00	238
伯恩斯坦多项式与贝齐尔曲面——从一道全国高中数学联赛试题谈起	2013－03	38.00	236
卡塔兰猜想——从一道普特南竞赛试题谈起	2013－06	18.00	256
麦卡锡函数和阿克曼函数——从一道前南斯拉夫数学奥林匹克试题谈起	2012－08	18.00	201
贝蒂定理与拉姆贝克莫斯尔定理——从一个拣石子游戏谈起	2012－08	18.00	217
皮亚诺曲线和豪斯道夫分球定理——从无限集谈起	2012－08	18.00	211
平面凸图形与凸多面体	2012－10	28.00	218
斯坦因豪斯问题——从一道二十五省市自治区中学数学竞赛试题谈起	2012－07	18.00	196
纽结理论中的亚历山大多项式与琼斯多项式——从一道北京市高一数学竞赛试题谈起	2012－07	28.00	195
原则与策略——从波利亚"解题表"谈起	2013－04	38.00	244
转化与化归——从三大尺规作图不能问题谈起	2012－08	28.00	214
代数几何中的贝祖定理(第一版)——从一道 IMO 试题的解法谈起	2013－08	18.00	193
成功连贯理论与约当块理论——从一道比利时数学竞赛试题谈起	2012－04	18.00	180
磨光变换与范·德·瓦尔登猜想——从一道环球城市竞赛试题谈起	即将出版		
素数判定与大数分解	2014－08	18.00	199
置换多项式及其应用	2012－10	18.00	220
椭圆函数与模函数——从一道美国加州大学洛杉矶分校(UCLA)博士资格考题谈起	2012－10	28.00	219
差分方程的拉格朗日方法——从一道 2011 年全国高考理科试题的解法谈起	2012－08	28.00	200

书　名	出版时间	定　价	编号
力学在几何中的一些应用	2013—01	38.00	240
高斯散度定理、斯托克斯定理和平面格林定理——从一道国际大学生数学竞赛试题谈起	即将出版		
康托洛维奇不等式——从一道全国高中联赛试题谈起	2013—03	28.00	337
西格尔引理——从一道第18届IMO试题的解法谈起	即将出版		
罗斯定理——从一道前苏联数学竞赛试题谈起	即将出版		
拉克斯定理和阿廷定理——从一道IMO试题的解法谈起	2014—01	58.00	246
毕卡大定理——从一道美国大学数学竞赛试题谈起	2014—07	18.00	350
贝齐尔曲线——从一道全国高中联赛试题谈起	即将出版		
拉格朗日乘子定理——从一道2005年全国高中联赛试题谈起	即将出版		
雅可比定理——从一道日本数学奥林匹克试题谈起	2013—04	48.00	249
李天岩－约克定理——从一道波兰数学竞赛试题谈起	2014—06	28.00	349
整系数多项式因式分解的一般方法——从克朗耐克算法谈起	即将出版		
布劳维不动点定理——从一道前苏联数学奥林匹克试题谈起	2014—01	38.00	273
压缩不动点定理——从一道高考数学试题的解法谈起	即将出版		
伯恩赛德定理——从一道英国数学奥林匹克试题谈起	即将出版		
布查特－莫斯特定理——从一道上海市初中竞赛试题谈起	即将出版		
数论中的同余数问题——从一道普特南竞赛试题谈起	即将出版		
范·德蒙行列式——从一道美国数学奥林匹克试题谈起	即将出版		
中国剩余定理:总数法构建中国历史年表	2015—01	28.00	430
牛顿程序与方程求根——从一道全国高考试题解法谈起	即将出版		
库默尔定理——从一道IMO预选试题谈起	即将出版		
卢丁定理——从一道冬令营试题的解法谈起	即将出版		
沃斯滕霍姆定理——从一道IMO预选试题谈起	即将出版		
卡尔松不等式——从一道莫斯科数学奥林匹克试题谈起	即将出版		
信息论中的香农熵——从一道近年高考压轴题谈起	即将出版		
约当不等式——从一道希望杯竞赛试题谈起	即将出版		
拉比诺维奇定理	即将出版		
刘维尔定理——从一道《美国数学月刊》征解问题的解法谈起	即将出版		
卡塔兰恒等式与级数求和——从一道IMO试题的解法谈起	即将出版		
勒让德猜想与素数分布——从一道爱尔兰竞赛试题谈起	即将出版		
天平称重与信息论——从一道基辅市数学奥林匹克试题谈起	即将出版		
哈密尔顿－凯莱定理:从一道高中数学联赛试题的解法谈起	2014—09	18.00	376
艾思特曼定理——从一道CMO试题的解法谈起	即将出版		

哈尔滨工业大学出版社刘培杰数学工作室

已出版（即将出版）图书目录

书　名	出版时间	定　价	编号
一个爱尔特希问题——从一道西德数学奥林匹克试题谈起	即将出版		
有限群中的爱丁格尔问题——从一道北京市初中二年级数学竞赛试题谈起	即将出版		
贝克码与编码理论——从一道全国高中联赛试题谈起	即将出版		
帕斯卡三角形	2014—03	18.00	294
蒲丰投针问题——从2009年清华大学的一道自主招生试题谈起	2014—01	38.00	295
斯图姆定理——从一道"华约"自主招生试题的解法谈起	2014—01	18.00	296
许瓦兹引理——从一道加利福尼亚大学伯克利分校数学系博士生试题谈起	2014—08	18.00	297
拉格朗日中值定理——从一道北京高考试题的解法谈起	2014—01		298
拉姆塞定理——从王诗宬院士的一个问题谈起	2014—01		299
坐标法	2013—12	28.00	332
数论三角形	2014—04	38.00	341
毕克定理	2014—07	18.00	352
数林掠影	2014—09	48.00	389
我们周围的概率	2014—10	38.00	390
凸函数最值定理：从一道华约自主招生题的解法谈起	2014—10	28.00	391
易学与数学奥林匹克	2014—10	38.00	392
生物数学趣谈	2015—01	18.00	409
反演	2015—01		420
因式分解与圆锥曲线	2015—01	18.00	426
轨迹	2015—01		427
面积原理：从常庚哲命的一道CMO试题的积分解法谈起	2015—01	48.00	431
形形色色的不动点定理：从一道28届IMO试题谈起	2015—01	38.00	439
柯西函数方程：从一道上海交大自主招生的试题谈起	2015—02	28.00	440
三角恒等式	2015—02	28.00	442
无理性判定：从一道2014年"北约"自主招生试题谈起	2015—01	38.00	443
中等数学英语阅读文选	2006—12	38.00	13
统计学专业英语	2007—03	28.00	16
统计学专业英语（第二版）	2012—07	48.00	176
幻方和魔方（第一卷）	2012—05	68.00	173
尘封的经典——初等数学经典文献选读（第一卷）	2012—07	48.00	205
尘封的经典——初等数学经典文献选读（第二卷）	2012—07	38.00	206
实变函数论	2012—06	78.00	181
非光滑优化及其变分分析	2014—01	48.00	230
疏散的马尔科夫链	2014—01	58.00	266
马尔科夫过程论基础	2015—01	28.00	433
初等微分拓扑学	2012—07	18.00	182
方程式论	2011—03	38.00	105
初级方程式论	2011—03	28.00	106
Galois理论	2011—03	18.00	107
古典数学难题与伽罗瓦理论	2012—11	58.00	223
伽罗华与群论	2014—01	28.00	290
代数方程的根式解及伽罗瓦理论	2011—03	28.00	108
代数方程的根式解及伽罗瓦理论（第二版）	2015—01	28.00	423

哈尔滨工业大学出版社刘培杰数学工作室
已出版(即将出版)图书目录

书　名	出版时间	定　价	编号
线性偏微分方程讲义	2011－03	18.00	110
N 体问题的周期解	2011－03	28.00	111
代数方程式论	2011－05	18.00	121
动力系统的不变量与函数方程	2011－07	48.00	137
基于短语评价的翻译知识获取	2012－02	48.00	168
应用随机过程	2012－04	48.00	187
概率论导引	2012－04	18.00	179
矩阵论(上)	2013－06	58.00	250
矩阵论(下)	2013－06	48.00	251
趣味初等方程妙题集锦	2014－09	48.00	388
趣味初等数论选美与欣赏	2015－02	48.00	445
对称锥互补问题的内点法:理论分析与算法实现	2014－08	68.00	368
抽象代数:方法导引	2013－06	38.00	257
闵嗣鹤文集	2011－03	98.00	102
吴从炘数学活动三十年(1951～1980)	2010－07	99.00	32
函数论	2014－11	78.00	395
吴振奎高等数学解题真经(概率统计卷)	2012－01	38.00	149
吴振奎高等数学解题真经(微积分卷)	2012－01	68.00	150
吴振奎高等数学解题真经(线性代数卷)	2012－01	58.00	151
高等数学解题全攻略(上卷)	2013－06	58.00	252
高等数学解题全攻略(下卷)	2013－06	58.00	253
高等数学复习纲要	2014－01	18.00	384
钱昌本教你快乐学数学(上)	2011－12	48.00	155
钱昌本教你快乐学数学(下)	2012－03	58.00	171
数贝偶拾——高考数学题研究	2014－04	28.00	274
数贝偶拾——初等数学研究	2014－04	38.00	275
数贝偶拾——奥数题研究	2014－04	48.00	276
集合、函数与方程	2014－01	28.00	300
数列与不等式	2014－01	38.00	301
三角与平面向量	2014－01	28.00	302
平面解析几何	2014－01	38.00	303
立体几何与组合	2014－01	28.00	304
极限与导数、数学归纳法	2014－01	38.00	305
趣味数学	2014－03	28.00	306
教材教法	2014－04	68.00	307
自主招生	2014－05	58.00	308
高考压轴题(上)	2014－11	48.00	309
高考压轴题(下)	2014－10	68.00	310
从费马到怀尔斯——费马大定理的历史	2013－10	198.00	I
从庞加莱到佩雷尔曼——庞加莱猜想的历史	2013－10	298.00	II
从切比雪夫到爱尔特希(上)——素数定理的初等证明	2013－07	48.00	III
从切比雪夫到爱尔特希(下)——素数定理100年	2012－12	98.00	III
从高斯到盖尔方特——二次域的高斯猜想	2013－10	198.00	IV
从库默尔到朗兰兹——朗兰兹猜想的历史	2014－01	98.00	V
从比勃巴赫到德布朗斯——比勃巴赫猜想的历史	2014－02	298.00	VI
从麦比乌斯到陈省身——麦比乌斯变换与麦比乌斯带	2014－02	298.00	VII

哈尔滨工业大学出版社刘培杰数学工作室
已出版（即将出版）图书目录

书　名	出版时间	定　价	编号
从布尔到豪斯道夫——布尔方程与格论漫谈	2013－10	198.00	Ⅷ
从开普勒到阿诺德——三体问题的历史	2014－05	298.00	Ⅸ
从华林到华罗庚——华林问题的历史	2013－10	298.00	Ⅹ
三角函数	2014－01	38.00	311
不等式	2014－01	28.00	312
方程	2014－01	28.00	314
数列	2014－01	38.00	313
排列和组合	2014－01	28.00	315
极限与导数	2014－01	28.00	316
向量	2014－09	38.00	317
复数及其应用	2014－08	28.00	318
函数	2014－01	38.00	319
集合	即将出版		320
直线与平面	2014－01	28.00	321
立体几何	2014－04	28.00	322
解三角形	即将出版		323
直线与圆	2014－01	28.00	324
圆锥曲线	2014－01	38.00	325
解题通法（一）	2014－07	38.00	326
解题通法（二）	2014－07	38.00	327
解题通法（三）	2014－05	38.00	328
概率与统计	2014－01	28.00	329
信息迁移与算法	即将出版		330
第19～23届"希望杯"全国数学邀请赛试题审题要津详细评注(初一版)	2014－03	28.00	333
第19～23届"希望杯"全国数学邀请赛试题审题要津详细评注(初二、初三版)	2014－03	38.00	334
第19～23届"希望杯"全国数学邀请赛试题审题要津详细评注(高一版)	2014－03	28.00	335
第19～23届"希望杯"全国数学邀请赛试题审题要津详细评注(高二版)	2014－03	38.00	336
第19～25届"希望杯"全国数学邀请赛试题审题要津详细评注(初一版)	2015－01	38.00	416
第19～25届"希望杯"全国数学邀请赛试题审题要津详细评注(初二、初三版)	2015－01	58.00	417
第19～25届"希望杯"全国数学邀请赛试题审题要津详细评注(高一版)	2015－01	48.00	418
第19～25届"希望杯"全国数学邀请赛试题审题要津详细评注(高二版)	2015－01	48.00	419
物理奥林匹克竞赛大题典——力学卷	2014－11	48.00	405
物理奥林匹克竞赛大题典——热学卷	2014－04	28.00	339
物理奥林匹克竞赛大题典——电磁学卷	即将出版		406
物理奥林匹克竞赛大题典——光学与近代物理卷	2014－06	28.00	345
历届中国东南地区数学奥林匹克试题集(2004～2012)	2014－06	18.00	346
历届中国西部地区数学奥林匹克试题集(2001～2012)	2014－07	18.00	347
历届中国女子数学奥林匹克试题集(2002～2012)	2014－08	18.00	348

哈尔滨工业大学出版社刘培杰数学工作室
已出版（即将出版）图书目录

书　名	出版时间	定　价	编号
几何变换（Ⅰ）	2014—07	28.00	353
几何变换（Ⅱ）	即将出版		354
几何变换（Ⅲ）	2015—01	38.00	355
几何变换（Ⅳ）	即将出版		356
美国高中数学竞赛五十讲.第1卷(英文)	2014—08	28.00	357
美国高中数学竞赛五十讲.第2卷(英文)	2014—08	28.00	358
美国高中数学竞赛五十讲.第3卷(英文)	2014—09	28.00	359
美国高中数学竞赛五十讲.第4卷(英文)	2014—09	28.00	360
美国高中数学竞赛五十讲.第5卷(英文)	2014—10	28.00	361
美国高中数学竞赛五十讲.第6卷(英文)	2014—11	28.00	362
美国高中数学竞赛五十讲.第7卷(英文)	2014—12	28.00	363
美国高中数学竞赛五十讲.第8卷(英文)	即将出版		364
美国高中数学竞赛五十讲.第9卷(英文)	即将出版		365
美国高中数学竞赛五十讲.第10卷(英文)	即将出版		366
IMO 50 年.第1卷(1959—1963)	2014—11	28.00	377
IMO 50 年.第2卷(1964—1968)	2014—11	28.00	378
IMO 50 年.第3卷(1969—1973)	2014—09	28.00	379
IMO 50 年.第4卷(1974—1978)	即将出版		380
IMO 50 年.第5卷(1979—1983)	即将出版		381
IMO 50 年.第6卷(1984—1988)	即将出版		382
IMO 50 年.第7卷(1989—1993)	即将出版		383
IMO 50 年.第8卷(1994—1998)	即将出版		384
IMO 50 年.第9卷(1999—2003)	即将出版		385
IMO 50 年.第10卷(2004—2008)	即将出版		386
历届美国大学生数学竞赛试题集.第一卷(1938—1949)	2015—01	28.00	397
历届美国大学生数学竞赛试题集.第二卷(1950—1959)	2015—01	28.00	398
历届美国大学生数学竞赛试题集.第三卷(1960—1969)	2015—01	28.00	399
历届美国大学生数学竞赛试题集.第四卷(1970—1979)	2015—01	18.00	400
历届美国大学生数学竞赛试题集.第五卷(1980—1989)	2015—01	28.00	401
历届美国大学生数学竞赛试题集.第六卷(1990—1999)	2015—01	28.00	402
历届美国大学生数学竞赛试题集.第七卷(2000—2009)	即将出版		403
历届美国大学生数学竞赛试题集.第八卷(2010—2012)	2015—01	18.00	404

哈尔滨工业大学出版社刘培杰数学工作室
已出版(即将出版)图书目录

书　　名	出版时间	定　价	编号
新课标高考数学创新题解题诀窍:总论	2014—09	28.00	372
新课标高考数学创新题解题诀窍:必修1~5分册	2014—08	38.00	373
新课标高考数学创新题解题诀窍:选修2-1,2-2,1-1,1-2分册	2014—09	38.00	374
新课标高考数学创新题解题诀窍:选修2-3,4-4,4-5分册	2014—09	18.00	375
全国重点大学自主招生英文数学试题全攻略:词汇卷	即将出版		410
全国重点大学自主招生英文数学试题全攻略:概念卷	2015—01	28.00	411
全国重点大学自主招生英文数学试题全攻略:文章选读卷(上)	即将出版		412
全国重点大学自主招生英文数学试题全攻略:文章选读卷(下)	即将出版		413
全国重点大学自主招生英文数学试题全攻略:试题卷	即将出版		414
全国重点大学自主招生英文数学试题全攻略:名著欣赏卷	即将出版		415
数学王者　科学巨人——高斯	2015—01	28.00	428
数学公主——科瓦列夫斯卡娅	即将出版		
数学怪侠——爱尔特希	即将出版		
电脑先驱——图灵	即将出版		
闪烁奇星——伽罗瓦	即将出版		

联系地址:哈尔滨市南岗区复华四道街 10 号　哈尔滨工业大学出版社刘培杰数学工作室
网　　址:http://lpj.hit.edu.cn/
邮　　编:150006
联系电话:0451—86281378　　13904613167
E-mail:lpj1378@163.com